侵蚀泥沙机械组成与团聚体特征研究

郝燕芳　佟帆　著

黄河水利出版社
·郑州·

内 容 提 要

本书通过对我国 5 种典型土壤的降雨和产流产沙特征分析，确定其在天然降雨条件下的侵蚀规律；通过测定分析天然降雨条件下 5 种典型土壤侵蚀泥沙未分散颗粒与分散颗粒粒径的粗细和大小组成，探讨了泥沙颗粒的主要侵蚀输移形式；对比土壤和泥沙中未分散和分散条件下颗粒的大小分布，分析其在泥沙中的富集规律，探讨了不同类型土壤的侵蚀分选性。本书不仅可以为土壤侵蚀预报模型中土壤可蚀性因子的确定和土壤侵蚀过程研究提供理论依据，而且对提高土壤抗蚀性、防止土地退化，以及减轻河湖泥沙淤积和养分富集等具有现实意义。

本书可供水利、土壤学及水土保持等相关专业师生及科研与技术人员阅读参考。

图书在版编目(CIP)数据

侵蚀泥沙机械组成与团聚体特征研究 / 郝燕芳，佟帆著. -- 郑州 : 黄河水利出版社, 2025. 10. -- ISBN 978-7-5509-4200-4

Ⅰ. TV142

中国国家版本馆 CIP 数据核字第 20258E657N 号

侵蚀泥沙机械组成与团聚体特征研究

QINSHI NISHA JIXIE ZUCHENG YU TUANJUTI TEZHENG YANJIU

组稿编辑：田丽萍　电话：0371-66025553　E-mail：912810592@ qq. com

责任编辑　王燕燕　　责任校对　韩莹莹

封面设计　黄瑞宁　　责任监制　常红昕

出版发行　黄河水利出版社

地址：河南省郑州市顺河路 49 号　邮政编码：450003

网址：www. yrcp. com　E-mail：hhslcbs@ 126. com

发行部电话：0371-66020550

承印单位　河南瑞之光印刷股份有限公司

开　　本　787 mm×1 092 mm　1/16

印　　张　6. 75

字　　数　160 千字

版次印次　2025 年 10 月第 1 版　2025 年 10 月第 1 次印刷

定　　价　50. 00 元

前　言

机械组成和团聚体大小分布是坡面土壤水蚀的两个直接影响因素，它们在一定程度上决定了土壤抵抗侵蚀能力的大小，进而对产沙量的多少产生重要影响；而侵蚀过程又被认为是土壤物理化学性质的分选过程，颗粒物质在侵蚀泥沙中的组成往往不同于其在土壤中的组成，同时，颗粒物质挟带的化学元素也在泥沙中呈现出不同程度的富集或损耗。因此，产沙量的多少，即侵蚀泥沙的数量，一直以来是土壤侵蚀预报和评价中最受关注的方面。与此同时，侵蚀泥沙的物理化学性质也不容忽视，它与泥沙的数量同等重要。侵蚀泥沙颗粒由单粒和团粒共同构成，其大小分布对侵蚀发生过程和产沙量的多少有着极为重要的影响，并且对准确理解、描述和模拟泥沙以及与泥沙有关的化学污染物质的输移行为也是至关重要的。

本研究是在北京市房山区试验基地的我国 5 种典型土壤（红壤、紫色土、黄土、褐土、黑土）径流小区上，利用天然降雨监测的方法，采集小区表层土壤和 9 次降雨侵蚀泥沙样品，在未分散和分散条件下，采用湿筛法和吸管法相结合的方法分别测定土壤和泥沙的颗粒粒径大小分布，同时对各粒级未分散颗粒进一步进行机械组成测定。其目的是：第一，通过对降雨和产流产沙特征的研究，分析我国 5 种典型土壤在天然降雨条件下的侵蚀规律；第二，对比侵蚀泥沙未分散颗粒（包括团粒和单粒）与分散颗粒（单粒）的粒径大小和组成特征，探讨泥沙颗粒的主要侵蚀输移形式，并深入分析不同大小团聚体的机械组成特征对土壤侵蚀过程和泥沙颗粒输移的影响；第三，将土壤与泥沙中分散前后的颗粒粒径分布作对比，分析不同大小的单粒和团粒在泥沙中的富集规律，探讨不同类型土壤的侵蚀分选特征。主要结论如下：

（1）最大 30 min 雨强（I_{30}）与径流深和侵蚀模数均表现出显著正相关关系，且随着 I_{30} 的增加，5 种土壤的径流深由大到小的顺序是：红壤 > 紫色土 > 黑土 > 褐土 > 黄土；侵蚀模数由大到小的顺序是：紫色土 > 红壤 > 黑土 > 黄土 > 褐土。此外，土壤质地、结构、有机质含量和孔隙度对侵蚀产流产沙的影响较大。

（2）不同质地的土壤，其颗粒（单粒和团粒）被侵蚀输移的形式不同。红壤、紫色土和黑土泥沙主要以团聚体的形式被侵蚀，尤其黏粒含量高的紫色土和黑土表现更为明显；而黄土和褐土，其泥沙主要以单粒的形式存在，团聚体相对较少。此外，绝大部分黏粒以团聚体的形式被侵蚀。

（3）不同质地的土壤，其侵蚀泥沙各级团聚体的机械组成不同，除红壤和较细团聚体外，其余质地土壤较粗团聚体的机械组成与其泥沙和原土的差异不大，表明土壤侵蚀过程对较粗粒径团聚体的机械组成影响较小。

（4）除红壤外，其余 4 种土壤的侵蚀泥沙机械组成与其原土的机械组成均没有显著差异；而红壤侵蚀泥沙的机械组成以细颗粒为主，黏粒（粒径<0.002 mm）和细粉粒（粒径 0.002~0.02 mm）在泥沙中比在土壤中多，产生轻微富集。在团聚体大小分布方面，不同

质地的土壤,其侵蚀泥沙团聚体大小分布均显著不同于原土壤,且富集规律一致,均以粉粒级团聚体(粒径 0.002~0.05 mm)的富集为主。

(5)各级单粒富集率(ER)分布比较均匀,土壤侵蚀对单粒的分选作用不明显,而各级团聚体富集率(ER)表现出明显的右偏分布,土壤侵蚀对团聚体的分选作用明显。因此,在描述并模拟泥沙输移和有关污染物质迁移等的研究中,团聚体(未分散颗粒)比单粒(分散颗粒)对侵蚀作用更敏感,更适合作为评价土壤侵蚀的指标。

相关研究和本书的出版得到了北京师范大学地表过程与资源生态国家重点实验室的支持,以及国家自然科学基金项目(42277352)、福建省水利科技项目(MSK202538)、福建水利电力职业技术学院科研启动基金项目(BLYJRC22001)等项目的资助,在此表示感谢!

由于作者水平有限,书中难免出现疏漏,敬请读者批评指正。

作　者

2025 年 1 月

目　录

第1章 绪 论

1.1 研究背景

土壤侵蚀是导致人类赖以生存的土地资源退化和损失的主要原因,严重的水土流失不仅会影响土地生产力的提高和可持续农业的发展,而且会淤塞江河湖泊,引发洪水灾害和污染水质、破坏水资源等(刘宝元 等,2001)。

坡面土壤水蚀是在降水径流和地表土壤之间相互作用而发生的一种土壤侵蚀过程,Ellison(1947)将这种侵蚀过程分为由雨滴打击和径流冲刷等外营力引起的土壤颗粒的分离和搬运过程。在坡面土壤水蚀过程中,水力和土壤以及地形、覆盖、管理等条件的相互影响机制是建立土壤侵蚀预报模型的基础(张光辉,2000),而土壤侵蚀预报模型是了解土壤侵蚀过程和定量评价土壤侵蚀强度的重要手段(刘宝元 等,1998)。土壤水蚀强度取决于引起侵蚀的降雨和径流侵蚀力与土壤抵抗侵蚀的能力(土壤可蚀性)这两个相反的力,因此降雨侵蚀力和土壤可蚀性是影响坡面土壤水蚀过程的关键因素(史培军 等,1999)。

土壤可蚀性是土壤侵蚀预报模型中的必要参数,也是定量计算土壤流失量的一个重要指标(刘宝元 等,1999),它可以用来表征土壤对侵蚀的敏感性。土壤是侵蚀的对象,也是泥沙的主要物质来源,其本身性质的差异导致土壤入渗、雨滴和径流对土壤颗粒的分离和搬运等过程不同,从而影响侵蚀的强弱和产沙量的多少(刘宝元 等,2010)。因此,土壤可蚀性反映了土壤性质对侵蚀作用的响应程度(Romkens et al.,1977),它是由土壤理化性质共同决定的,其中,土壤颗粒的大小分布、团聚体的数量和性质等物理性质被认为是最主要的因素(Singh et al.,2008)。土壤矿物颗粒(单粒)和团聚体(团粒)是组成土壤结构的基本单元,可以通过它们的排列组合形式和稳定性来鉴定土壤结构的好坏(Kay et al.,1988)。土壤单粒和团粒是衡量土壤对侵蚀和径流敏感性最直接和最重要的因素,其粒径分布与稳定性不仅对土壤孔隙分布产生影响,而且与水分在土壤表层和土体内的运移方式与途径有关(Duiker et al.,2001)。因此,土壤单粒和团粒与土壤可蚀性之间存在着必然的内在联系,也是影响坡面土壤水蚀过程的直接因子,其大小分布特征对侵蚀发生过程及产沙量的多少有着极为重要的影响。

侵蚀过程被认为是土壤物理化学性质的分选过程(Young et al.,1986),由于雨滴动能及地表水流挟带土壤单粒和团粒的难易程度不同,通常情况下,细颗粒细而轻,比较容易被侵蚀,使其在泥沙中发生不同程度的富集(Alberts et al.,1983;Gregory,1991;张兴昌 等,2000)。产沙量的多少,即侵蚀泥沙的数量,是土壤侵蚀预报和评价中最受关注的方面,但事实上,侵蚀泥沙的性质与其数量同等重要(Meyer et al.,1992;Slattery et al.,1997),而且越来越多的研究开始关注与泥沙有关的化学元素的迁移和由此引起的非点源污染等问题(Foster et al.,1985;Chen et al.,1991;Yang et al.,2014)。氮、磷等植物营养物质很容易吸附在比表面积较大的细小颗粒上,在侵蚀过程中,随着径流对细小颗粒的搬运而被挟带进入泥沙,这使得土壤和营养物质流失,并进一步导致土地生产力下降、河湖泥沙淤积和水质污染等环境问题,因此许多学者认识到了侵蚀泥沙颗粒大小分布在土壤侵蚀研究中的重要性(Walling et al.,1987;Horowitz et al.,1990;Pieri et al.,2009;Yang et al.,2014)。侵蚀泥沙通常由单粒和团聚体(团粒)组成(Meyer et al.,1983),而团聚体又是由若干个单粒组成的,这些单粒依靠比降雨和径流产生的分散力强的黏结力团聚在一起形成了团聚体。团聚体通常比组成它的单粒大,其大小和数量取决于黏粒的含量、黏土矿物种类、有机质和铁铝氧化物的含量。侵蚀泥沙单粒和团粒大小分布不仅是影响泥沙输移和沉积的主要因素(Rhoton et al.,1987;Parsons et al.,1991;Martínez-Mena et al.,2002),而且是土壤侵蚀预报、产沙量测定和化学污染物质输移模型等研究的主要组成部分(Knisel,1980)。但是,长期以来,在土壤侵蚀调查和预报评价中,学者们考虑最多的是土壤单粒分布(机械组成),很少考虑土壤团聚体大小分布,并且在之前的研究中所使用的传统颗粒大小分析方法为评价泥沙颗粒大小的时空变化也提供了一个统一的认识(Doty et al.,1965;Droppo et al.,1994;Walling et al.,2000)。然而,现阶段的很多研究结果已经证实了在土壤侵蚀的过程中,绝大多数侵蚀泥沙颗粒是以团聚体的形式被侵蚀输移的,并非以单粒的形式(Walling,1990;Phillips et al.,1999;Martínez-Mena et al.,1999)。未经过化学分散的泥沙颗粒(单粒和团粒的混合物)的大小分布可以真实地反映侵蚀泥沙的颗粒组成(Ongley et al.,1981),它对泥沙输移行为具有更好的指示作用(Slattery et al.,1997;Walling et al.,2000;Yang et al.,2013)。因此,研究土壤侵蚀的形式是以单粒还是以团粒,以及侵蚀泥沙的机械组成和团聚体大小分布特征与富集规律,对土壤侵蚀预报和泥沙输移模型的开发是必需的(Young,1980)。这不仅可以丰富土壤水蚀机制的研究,而且可以进一步加强和完善对土壤侵蚀的认识和理解。同时,农业生产中大量使用农药化肥等,这些化学物质吸附在土壤颗粒表面,若能明确土壤颗粒在侵蚀过程中的输移形式和在泥沙中的分布特征,可为更好地指导农业实践提供理论支持。

1.2 研究进展

1.2.1 土壤侵蚀、土壤水蚀、土壤可蚀性与土壤性质

土壤侵蚀是指在侵蚀营力的作用下,土壤颗粒(包括土壤单粒和团聚体)的分离和搬运过程(Ellison,1947)。根据侵蚀营力的不同,可以将土壤侵蚀分为不同的类型。一般而言,侵蚀营力包括水、风、冰川、融雪、岩石、动植物和人类(Zachar,1982)。其中,使土壤颗粒(指团聚体)松散分离的主要营力是水和风,而水又是一种最重要最普遍的侵蚀营力(Hudson,1995)。因此,土壤侵蚀按照侵蚀营力主要可以分为水力侵蚀(水蚀)和风力侵蚀(风蚀)两种类型。最常出现在农田坡面上的水力侵蚀,按其侵蚀营力又可分为雨滴击溅侵蚀(溅蚀)和径流冲刷侵蚀(刘宝元 等,2010)。因此,坡面土壤水蚀主要有两个过程:①由雨滴击溅和径流冲刷引起的土壤颗粒(指团聚体)的破坏分离;②径流对产生的

泥沙颗粒的搬运输移(Beach et al.,1993)。降雨和径流等侵蚀营力是坡面土壤水蚀过程的外部因素,而土壤性质则是内在因素。土壤对降雨和径流引起的土壤物质的分离和搬运输移过程的抵抗能力取决于许多相互关联的土壤性质,如结构、质地(机械组成)、黏结力和团聚性等。一般而言,黏粒含量高的细质地的土壤往往黏结力较强而不容易被雨滴破坏分离,但是其产生的泥沙却比较容易被搬运,除非该种土壤侵蚀产生的泥沙主要由大团聚体组成。相反,砂粒含量高的粗质地的土壤则常常更容易被分离,但这些较粗的颗粒却比较难被搬运,从而使其在径流挟沙力一定的条件下产生的泥沙颗粒较细。此外,壤土和粉壤土这类中等质地的土壤,由于其粉粒含量较高,在团聚体含量少、降雨和径流量大的条件下,这类土壤往往既容易被分离,也容易被搬运,所以此类土壤更容易被侵蚀(Wischmeier et al.,1969)。坡面土壤水蚀模型是定量计算土壤流失量的一种重要技术工具,用它可以了解土壤侵蚀的过程和强度、评价区域水土保持效益优劣并提供科学实际可行的水土保持方案、指导合理利用土地资源(刘宝元 等,1998)。目前,国内外关于土壤水蚀预报模型的研究主要有两类:一种是以通用土壤流失方程(universal soil loss equation, USLE)为代表的经验模型,另一种就是以土壤水蚀预报模型(water erosion prediction project,WEPP)为代表的过程模型。Wischmeier 和 Smith 等学者于1965年和1978年开发的 USLE 在《农业手册(第282号和537号)》上发表(Wischmeier et al.,1965,1978),之后被世界各国普遍采用。该模型用6个因子乘积的形式量化了土壤侵蚀的程度,这6个因子分别是:降雨侵蚀力(R)、土壤可蚀性(K)、坡长(L)、坡度(S)、作物覆盖和管理(C)、水土保持措施(P)。随着模型的使用越来越多,开发者和用户进行不断的交流,该模型也有了很多改进,1997年研究者们对模型中的各个因子进行修订后,一个新的修订通用土壤流失方程(revised universal soil loss equation,RUSLE)诞生了(Renard et al.,1997)。基于之前经验模型的研究,美国农业部于1995年发布了第一个官方正式版本的土壤侵蚀过程模型,即土壤水蚀预报模型(water erosion prediction project,WEPP)(Nearing et al.,1989)。与此同时,其他国家也相继开发出了自己的土壤水蚀预报模型。如澳大利亚的 Misra 和 Rose(1996)提出了次降雨侵蚀产沙过程模型(Griffith University erosion system template, GUEST),该模型是在坡面水流侵蚀和降雨击溅侵蚀理论的基础上研发的(Hairsine et al.,1991,1992a,1992b)。英国等欧洲国家建立的次降雨分布式侵蚀模型,被称为欧洲土壤侵蚀模型(European soil erosion model, EUROSEM)(Morgan et al.,1998)。荷兰研发的 LISEM 模型(Limburg soil erosion model,LISEM)是一个流域水文过程侵蚀模型,不仅能很好地模拟土壤侵蚀过程,而且可以与 GIS 结合(De Roo et al.,1996)。Liu 等(2002)提出并建立了适用于我国实际情况的中国土壤流失方程 CSLE(Chinese soil loss equation),该方程确定了中国土壤侵蚀预报模型的基本形式,可以用于坡面年平均土壤流失量的计算,既实用又简单。总而言之,坡面土壤水蚀过程是降雨和径流等侵蚀动力与土壤之间的相互作用过程,Hudson(1995)将该过程称为降雨侵蚀力和土壤可蚀性相互作用的综合和平衡过程。

土壤可蚀性是个复杂的概念,它反映了在雨滴击溅、径流冲刷或两者共同作用下,土壤物质(包括土壤单粒和团聚体)被分离破坏、搬运输移的难易程度,即土壤本身抵抗侵蚀能力的强弱,主要受土壤本身理化性质的影响。它是评价某种土壤对侵蚀敏感程度的一个重要指标(张科利 等,2001),也是应用土壤流失方程进行预报土壤流失量的关键因子。因此,如何对土壤可蚀性进行准确评价,对认识土壤侵蚀规律、进行土壤流失量预报和土地生产力评价,具有重要的指导意义。在土壤可蚀性的研究中,由于研究目的的不同,有许多不同的概念和术语出现。国外用土壤可蚀性一词,Hudson(1995)将土壤可蚀性定义为土壤对侵蚀的易损性和敏感性,其数值为土壤抗侵蚀力的倒数。我国一般称为土壤抗侵蚀性,多用抗冲抗蚀性一词(田积莹 等,1964;刘宝元 等,1999)。朱显谟(1960)通过对土壤侵蚀机制的研究,将土壤抵抗侵蚀的能力进一步分为抗冲性和抗蚀性,并认为抗冲性是指土壤抵抗径流的机械破坏作用,它主要取决于土粒间和微结构间的胶结力和土壤结构体间的抵抗离散力;而抗蚀性是指土壤抵抗径流对土壤颗粒的分散和悬浮作用,它主要取决于土壤颗粒和水之间的亲和力,与土壤本身的物理化学性质有关。朱显谟还指出,就土壤性质而言,抗冲性是建立在良好抗蚀性基础上的。可见,土壤可蚀性和土壤抗侵蚀性并没有本质上的差别,它们只是一个问题的两个方面。前者侧重土壤对侵蚀作用的敏感性,而后者则侧重土壤对侵蚀作用的抵抗能力,因此二者都反映了土壤性质与土壤侵蚀之间的关系(刘宝元 等,1999)。由于在土壤侵蚀影响因子的定量研究中,国际上习惯用土壤可蚀性一词来衡量土壤本身性质对侵蚀动力的敏感程度,因此本书为了研究资料的通用化和国际化,采用土壤可蚀性一词。

土壤可蚀性的研究在国际上始于 20 世纪 30 年代,由于它是一个由土壤的基本属性共同决定的用来评价侵蚀程度的指标,因此关于它的研究,首先是利用各种方法测定其大小,由此可以选择一个或几个能更好地表达某种土壤在某种条件下的可蚀性大小的指标,最终用这个能充分表征土壤可蚀性的指标进一步研究其对侵蚀过程的响应和影响。概括起来,测定土壤可蚀性的方法基本有 5 种类型:①土壤理化性质测定法;②仪器测定法;③小区测定法;④数学模型和图解法;⑤水动力模型试验求解法。其中,代表性的成果主要有,1926 年 Bennet 最先提出了土壤侵蚀程度随土壤类型的不同而不同,他通过测定和比较土壤质地(机械组成)、土壤结构、有机质和其他化学组成等土壤性质对土壤侵蚀影响的程度,指出土壤中 SiO_2、Al_2O_3、Fe_2O_3 含量之比与土壤侵蚀之间存在明显的相关性,因此可以采用土壤中的 Si、Fe、Al 率来推测土壤侵蚀的程度。Si、Fe、Al 率大于 2,该土壤为脆性土,不容易被侵蚀;Si、Fe、Al 率小于 2,该土壤为黏性土,容易被侵蚀。Middleton(1930,1932)指出了土壤浸湿热的高低与土壤侵蚀速率的大小成正比。由此得到,黏质土壤容易被侵蚀,而砂质土壤不容易被侵蚀。该学者还根据多种土壤性质的综合分析,进一步指出了可以用侵蚀率评价土壤侵蚀程度的大小。Bouyoucos(1935)提出了砂粉粒与黏粒含量的比值可以作为土壤性质对侵蚀响应的评价指标,而且该比值的大小与土壤可蚀性呈正相关关系。Peel(1937)考虑了土壤入渗率,分析小区资料来研究土壤物理性质对侵蚀的影响作用,指出渗透率、悬浮率、分散率是评价土壤可蚀性的较好指标。Anderson(1954)采用团聚体表面率作为土壤可蚀性的判定指标。团聚体表面率是指粒径≥0.05 mm 土壤颗粒的表面积与团聚体含量的比值。Woodburn 等(1956)将团聚体稳定性和分散率作为土壤可蚀性的评价指标。他认为粒径>0.5 mm 的水稳性团聚体含量与土壤击溅侵蚀量存在较好的负相关关系。以上的这些研究成果为后人清楚地认识土壤性质与侵蚀之间的关系提供了很好的基础,同时也为土壤侵蚀防治对策的制定和实施提供了重要指导。但是,这些研究却无法达到侵蚀量预报的目的。

因此,1963年,Olson和Wischmeier提出了土壤可蚀性因子(K),即单位降雨侵蚀力在标准小区上所引起的土壤流失量,通过该指标,可以将不同地区和历史时期的观测资料统一比较分析,而且这一指标也具有明确的物理意义,测定方法方便。该指标被广泛地应用于土壤侵蚀预报模型中,如通用土壤流失方程USLE、农业管理系统中的化学物质、径流与侵蚀模型CREAMS(Knisel,1980)、修订通用土壤流失方程RUSLE和流域水土资源管理模型SWRRB(Arnold et al.,1990)等。但是,之后研究者们发现该指标需要有详细的观测资料,必须通过测定降雨侵蚀力(R)和土壤流失量(A)来计算土壤可蚀性因子(K),在没有观测资料的地区则无法使用该指标。所以,为了解决这一问题,Wischmeier等先后在1969年和1971年分别提出了包括24个变量和5个变量的土壤可蚀性因子计算方程,并最终为了获得和使用的方便,采用粉粒和极细砂粒含量、粒径>1 mm砂粒含量、有机质、结构系数和渗透性5个变量作为影响土壤可蚀性因子值的土壤性质,这些参数均可以通过常规的试验方法测定或从土壤剖面的描述中确定,可以从土壤普查资料中获得。他们还将这5个土壤性质与土壤可蚀性因子之间的关系式绘制成了土壤可蚀性诺谟图,并用于通用土壤流失方程的第二版中(Wischmeier et al.,1978)。

综上所述,学者们通过不同的方法研究了土壤可蚀性指标,有的研究了单参数指标,有的研究了多参数组合指标,这些研究都在不同程度上取得了预测土壤可蚀性因子值的成功(Barnett et al.,1966)。USLE中的K因子包括细沟可蚀性和细沟间可蚀性,它是细沟和细沟间侵蚀两种过程共同作用下产生的土壤侵蚀的年均值。细沟侵蚀主要是在径流的作用下,集中水流在土壤表面产生的侵蚀;而细沟间侵蚀主要是在雨滴打击的作用下,薄层水流在坡面上产生的侵蚀。不同的土壤类型和地表条件会对细沟和细沟间侵蚀产生不同的影响(Meyer et al.,1976)。

Meyer等(1984)通过组合雨强的人工模拟降雨,研究了18种不同质地土壤的细沟间可蚀性。他选择一些土壤物理和化学性质,如黏粒含量、有机质、阳离子交换量、交换性钙等,将这些性质与细沟间土壤可蚀性作相关分析,以此研究土壤性质与细沟间可蚀性的关系。结果表明,团聚性差的高粉土最容易被侵蚀,而团聚性好的高黏土则最不容易被侵蚀。此外,与细沟间侵蚀关系最好的土壤性质是黏粒含量、1 500 kPa水、交换性钙、盐基离子、阳离子交换量以及有机质含量,并且呈负相关关系。Luk(1979)以加拿大亚伯达南部的148个土样为研究对象,利用人工模拟降雨的方法,测定击溅和径流侵蚀量、径流量、土壤和泥沙中的团聚体大小、机械组成、有机质等,以此来研究诸如有机质、黏粒含量、团聚体稳定性等土壤性质对土壤可蚀性的影响。结果表明,有机质含量对土壤可蚀性的影响比黏粒含量更明显,且黏粒含量的影响取决于有机质的含量;团聚体稳定性在很大程度上决定了土壤可蚀性,且粒径>0.5 mm水稳性团聚体含量($WSA_{>0.5\ mm}$)是评价团聚体稳定性较好的指标。Knapen等(2007)从影响集中水流土壤可蚀性和临界剪切力的角度,认为决定土壤黏结力的黏粒含量更适合作为土壤可蚀性指标。但是,也有学者认为黏粒含量并不适合作为评价土壤可蚀性的指标(Teixeira et al.,1997;Martínez-Mena et al.,1999)。

在有关土壤性质对可蚀性的影响研究中,一般认为,土壤可蚀性的大小随着土壤机械组成、团聚体稳定性、抗剪强度、入渗量、有机质和化学组成的不同而变化(Morgan,2005)。而Bryan(2000)认为几乎任何土壤性质都会影响土壤可蚀性,甚至是土壤侵蚀,正如Lal(1990)指出的,仅仅一个可简单测定的土壤性质不可能完全代表对土壤可蚀性的综合影响。事实上,许多土壤性质,尤其是土壤机械组成、土壤团聚体、结持性和抗剪强度等,是影响土壤可蚀性以及土壤水蚀过程最重要和最直接的因子,而其他性质只是发挥间接作用。这些性质不仅影响着土壤水分的运动和存储、土壤孔隙大小和通气性、生物活动和作物生长,而且也是评价土壤质量好坏的重要依据和影响侵蚀过程的重要因素(李朝霞,2005)。Barthès 等(2002)提出了将团聚体稳定性作为土壤可蚀性的指标。Le Bissonnais(2003)对团聚体破碎机制与土壤可蚀性关系进行研究后得出,土壤破碎对更细更容易搬运的颗粒和微团聚体的敏感性是侵蚀过程中最重要的,团聚体的破碎会对许多土壤物理过程产生影响,如入渗、结皮等。因此,常常将测定团聚体的破碎作为土壤可蚀性评价的一种好方法(Le Bissonnais,1996)。

在我国,土壤性质与土壤侵蚀的关系研究始于20世纪50年代。尽管与国外发达国家相比,我国在土壤可蚀性研究的某些方面走了一些弯路,但至今已有60多年,在探索的道路上也积累了大量研究成果。这些成果促进了对不同地区土壤侵蚀规律的深入认识,也为水土保持措施的制定起到了推动作用。朱显谟先生是我国最早研究土壤性质和土壤可蚀性关系的学者。他指出,土壤的膨胀系数、分散速度、透水性能以及土体在静水中的崩解情况等都可以作为评价土壤抗冲性的指标。之后,田积莹等(1964)通过研究土壤物理性质与土壤侵蚀的关系,对土壤可蚀性指标进行了初步研究。他们认为土壤团聚体总量、1~10 mm团聚体含量、团聚状况、团聚度、分散系数等土壤物理性质可以作为土壤抗侵蚀性的评价指标。蒋定生(1997)在1963年通过改进Gussak抗冲槽,进行冲刷试验来测定黄土的相对抗冲性指标,并在此基础上发明了我国的蒋定生抗冲槽,认为单位水量(相同坡度和流量)冲走土量的多少可作为土壤抗冲性的评价指标。史德明等(1983)用土壤团聚体的分散性和水稳性指数来间接表示土壤抗蚀性,而抗冲性指标的确定则是用索博列夫抗冲仪在一定大气压下以0.7 mm直径的水柱冲击土层,使其产生水蚀穴,每10个水蚀穴的深与宽的乘积平均数的倒数称为该土层的抗冲指数,用该指数作为土壤抗冲性的评价指标。

黄义端等(1989)通过黄土高原以往的研究资料和试验结果,探讨了土壤主要物理性质与土壤侵蚀之间的关系。他认为可以用土壤的分散率来作为抗蚀性的指标,同时通过测定黄土性土壤的分散率得出,通常情况下,土壤分散率随着土壤中的黏粒含量增加而降低,而水稳性团聚体含量则随着黏粒含量增加而增加。其研究还得出,土壤结构稳定性越高,土壤抗冲性越强。此外,还有一些学者也通过设计可蚀性试验研究发现土壤物理性质是影响土壤可蚀性的主要因素(李勇 等,1990;余新晓 等,1997)。周佩华等(1993)在回顾黄土高原土壤抗冲性研究历史的基础上,通过放水冲刷试验或径流小区实测资料,对黄土的可蚀性进行了分析计算,初步提出以单位径流深引起的侵蚀模数作为衡量土壤可蚀性强弱的指标。此外,蔡崇法等(1996)采用人工模拟降雨试验的方法,研究了鄂南花岗岩红壤表土的形态和颗粒组成,及其在降雨过程中的变化特征和对侵蚀的影响。他们发现表土颗粒组成(机械组成)明显比耕层土壤粗,主要是因为粉粒最容易被侵蚀,从而造成粗颗粒是组成紧实表层的主要物质。黄少燕等(2002)同样采用人工模拟降雨试验方法,研究坡耕地侵蚀过程和土壤物理性质特征,揭示了泥沙中机械组成和团聚体粒径的分布以及营养物质的输移规律。夏青等(2006)通过分析土壤水蚀的过程和机制,指出影响土壤可蚀性,并进而影响土壤水蚀的土壤物理因素主要有土壤机械组成、水稳性团聚体含量、土壤前期含水量以及孔隙度等。这些指标对认识土壤性质对侵蚀的影响作用都有着直接或间接的贡献。根据国内外有关土壤可蚀性的研究,能够表征土壤可蚀性的指标有很多,如表 1-1 所示,在具体应用时,选用何种指标需要根据所研究土壤的性质和侵蚀特点来确定,同时还要考虑到指标应易于观测和计算(卢金伟,2002)。

表 1-1　国内外学者提出的土壤可蚀性指标及研究方法

研究者	年份	可蚀性指标	方法
* Bennent	1926	土壤硅铁铝率	理化性质测定法
* Middletton	1930	土壤侵蚀率	理化性质测定法
* Bouyoucos	1935	(砂粒%+粉粒%)/黏粒%	理化性质测定法
* Peel	1937	渗透率、悬浮率、分散率	理化性质测定法
朱显谟	1954	土壤膨胀系数和分散速度	理化性质测定法
朱显谟	1960	土壤在静水中的崩解速度	理化性质测定法
田积莹等	1964	团聚体总量、1 ~ 10 mm 团聚体量、团聚状况、团聚度、团聚体分散度、分散率和侵蚀率	理化性质测定法
黄义端	1989	土壤分散率、水稳性团聚体含量和黏粒含量	理化性质测定法
* Gussak	1946	冲走 100 cm^3 土壤所需的水量	仪器测定法
* Elision	1947	土壤可分离性和可搬运性	仪器测定法
朱显谟	1960	水蚀穴的深浅	仪器测定法
蒋定生	1963	单位水量所冲走的土量	仪器测定法
* 唐克丽	1964	土壤物理化学、微结构等性质	仪器测定法

续表 1-1

研究者	年份	可蚀性指标	方法
史德明等	1983	土壤团聚体的分散性或水稳性指数	仪器测定法
蒋定生等	1995	可冲刷系数	仪器测定法
Olson et al.	1963	单位降雨侵蚀力在标准小区上所引起的土壤流失量	小区测定法
周佩华等	1993	单位径流深引起的侵蚀模数	小区测定法
* Wischmeier et al.	1971	粉粒+极细砂粒含量、砂粒含量、有机质、结构和入渗 5 项指标作诺谟图	数学模型图解法
* Laflen et al.	1991	关系系数	水动力学模型试验求解法

注：* 引自张科利等(2001)。

在进行土壤性质对土壤侵蚀影响研究的这 80 多年来,研究者们逐渐认识到土壤机械组成和团聚体特征这两个土壤性质发挥着至关重要的作用,它们是影响土壤可蚀性最直接的因素。其中,机械组成决定了不同类型土壤的质地,即不同大小的基本矿物颗粒(单粒)在土壤中的比例;团聚体(团粒)是两个或两个以上的单粒通过一定的排列组合形成的土壤结构体,其大小分布和稳定性受很多土壤性质影响,它是土壤侵蚀过程中泥沙搬运输移的基本形式。土壤中不同大小的单粒和团粒含量很大程度上决定了土壤被侵蚀程度的大小,同时,越来越多的学者开始认识到土壤侵蚀评价不应该只考虑土壤流失的数量,而不关注侵蚀泥沙的性质,事实上,泥沙性质与数量同等重要。大多数土壤的侵蚀泥沙由单粒和团粒共同组成。泥沙机械组成和团聚体粒径分布不仅是影响泥沙输移和沉积的主要因素,而且也是土壤侵蚀、产沙量和化学物质输移模型研究的两个主要组成部分。所以,泥沙以单粒还是团粒的形式输移,土壤和泥沙中的单粒与团粒大小分布如何,以及单粒和团粒谁更容易在泥沙中富集等特征对土壤可蚀性和侵蚀预报模型的研究非常重要。因此,机械组成与团聚体大小分布的深入探讨对土壤侵蚀的研究具有极其重要的意义。

1.2.2 机械组成与土壤侵蚀关系的研究进展

1.2.2.1 机械组成的概念和粒径分级

土壤是一个由固、液、气三相物质组成的体系,其中固相物质又由大小不同的单个颗粒构成,这些颗粒被称为土壤颗粒,简称土粒(姚贤良 等,1986;邵明安 等,2006)。根据组成成分,土壤颗粒可以分为矿物质颗粒和有机质颗粒两种类型,而通常指的土壤颗粒专指矿物质颗粒。单独存在的矿物质颗粒称为单粒,即原生土粒;在质地黏重、有机质含量高的土壤中,许多单粒相互聚集黏结成复粒,即次生土粒。从不同角度看,根据复粒的形成机制，也可以分别称其为黏团、有机–矿质复合体或初级微团聚体，它们都是形成更大的微团聚体乃至大团聚体的第一步（黄昌勇，2000）。土壤中各粒级颗粒的定量测定被称为颗粒分析，又称机械分析。由土壤颗粒分析得到的各粒级颗粒相对含量即为机械组成，它不仅是评价农业土壤的基本资料和重要依据，也是土壤模型研究中使用的土壤性质的基本参数（邵明安 等，2006）。

土壤颗粒的粗细是连续变化的，并没有截然分明的界限。所以，为了研究和应用的方便，研究者按照各自目的的不同将土壤矿物颗粒划分成若干个粒径，每一个粒径范围称为一个粒级。总体上，世界各国按照土壤矿物颗粒的粗细将其分为砾、砂粒、粉粒和黏粒 4 个粒级，但每一个粒级的界限以及进一步的划分，各国所采用的方案具有一定的差异（见表 1-2）。

表 1-2　常用土壤颗粒粒级划分方案

国际制		美国制		苏联制		中国制	
粒级名称	粒径大小/mm	粒级名称	粒径大小/mm	粒级名称	粒径大小/mm	粒级名称	粒径大小/mm
石砾	>2	石块	>3	石块	>3	石砾	3~1
		粗砾	3~2	石砾	3~1		
		极粗砂粒	2~1				
粗砂粒	2~0.2	粗砂粒	1~0.5	粗砂粒	1~0.5	粗砂粒	1~0.25
		中砂粒	0.5~0.25	中砂粒	0.5~0.25		
细砂粒	0.2~0.02	细砂粒	0.25~0.1	细砂粒	0.25~0.05	细砂粒	0.25~0.05
		极细砂粒	0.1~0.05				
粉粒	0.02~0.002	粉粒	0.05~0.002	粗粉粒	0.05~0.01	粗粉粒	0.05~0.01
				中粉粒	0.01~0.005	中粉粒	0.01~0.005
				细粉粒	0.005~0.001	细粉粒	0.005~0.002
黏粒	<0.002	黏粒	<0.002	粗黏粒	0.001~0.000 5	粗黏粒	0.002~0.001
				细黏粒	0.000 5~0.000 1	细黏粒	<0.001
				胶体	<0.000 1		

注：据华孟、王坚（1993）；黄昌勇（2000）。

砾是最粗的土粒，常见于土石山区和近河滩山坡的土壤，在主要农区土壤中并不多见，所以在制备室内分析样品时常常将砾筛分出去，通常土壤颗粒粒径的上限为 2 mm，但是，当砾的含量达到了对土壤性质造成影响的程度时，应该在分析报告中加以记载。砂粒是由石英、长石、云母等矿物组成的不规则颗粒，粒径较大的砂粒，其比表面积小，颗粒间的孔隙粗，具有较强的透水和通气性；而粒径较小的砂粒，其性质与粗粉粒相近，透水通气能力低于粗砂粒而高于粗粉粒，有比较明显的黏着性和一定的可塑性。粉粒的矿物组成与砂粒类似，但比表面积随着粒径的减小而增大，尤其是细粉粒，其性质非常接近黏粒的性质，透水通气性较差，黏着性和可塑性较强。黏粒属于土壤颗粒中最细的，其主要由各种黏土矿物组成，包括高岭石、蒙脱石、伊利石、氧化物凝胶和有机质胶粒等，黏粒的比表面积、黏着性、可塑性均是各种颗粒中最大的，因此其最容易形成结皮和坚硬的土块，从而造成土壤板结（华孟 等，1993）。

根据研究目的的不同，可以采用不同的土壤颗粒粒级划分方案和标准。在有关矿物颗粒组成与土壤侵蚀关系的研究中，在国外，绝大多数是采用美国制分级方案或者在其基础上根据自己研究的需要稍作调整（Miller et al. ，1987；Barthès et al. ，2000；Bonilla et al. ，2012）；有较少研究采用国际制分级方案（Kristiansen et al. ，2006）。在国内，学者们根据自己的研究目的选择不同的颗粒分级方案。例如：林昌虎（1993）采用苏联制粒级划分标准研究了砂页岩山地土壤的侵蚀规律。蔡崇法等（1996）采用国际制标准研究了花岗岩红壤表土特征及其对坡面侵蚀的影响。蔡志发等（2002）采用中国制分级标准研究了闽南土壤侵蚀与退化规律。闫百兴等（2005）采用美国制分级标准研究了东北黑土侵蚀速率及其对土壤质量的影响。尽管如此，目前，在国际上应用最广的土壤颗粒粒径分级标准仍然是美国制。所以，为了研究结果之间对比方便，以及与国际接轨，我国的大多学者也采用美国制分级标准（杨培岭 等，1993；胡宏祥 等，2007；Shi et al. ，2013）。

1.2.2.2　机械组成的测定方法

土壤中各粒级矿物颗粒的定量测定被称为颗粒分析，又称机械分析或机械组成测定。目前，机械组成的测定方法主要有：吸管法、比重计法、激光粒度仪法、扫描电镜法等。吸管法是土壤颗粒粒径分析最常用，也是最基本和最经典的方法，有成熟的土壤颗粒分类体系，且测定结果也比较精确，但操作烦琐；比重计法操作简单，但精度略差，且计算也比较复杂；激光粒度仪法（杨金玲 等，2009）是利用光学衍射原理来测定土粒粒径的，该方法样品量需求少，测量速度快，自动化程度高，测定的粒径范围广，相对误差较小，但由于没有系统完整的粒径分级标准，且在黏粒的测定方面与传统的吸管法（沉降法）相比还存在争议，两种方法间的转换关系的研究仍然没有一致的结论，因此该方法的应用还处在起步阶段；扫描电镜法（于丽芳 等，2008）是利用电子的二次成像原理进行样品表面结构的获取，该方法主要应用于材料科学和生物科学方面，在土壤科学中的应用较少，也没有用该方法对土粒的各个粒级进行测定的研究，只是在一些小粒径颗粒的测定方面有少量研究。

在国外，采用吸管法研究机械组成与侵蚀关系比较多（Gabriels et al. ，1978；Meyer et al. ，1983；Parsons et al. ，1991；Bajracharya et al. ，1998；Pieri et al. ，2009）。近年来，也有很多相关研究采用操作相对简单的比重计法和样品量需求少且自动化程度高的激光粒度仪法。例如：Mitchell 等（1983）用比重计法研究了连续降雨条件下侵蚀泥沙的颗粒大小分布特征。Issa 等（2006）用激光粒度仪法在田间和实验室尺度下研究了土壤侵蚀过程与泥沙颗粒的分选特征。扫描电镜法在土壤颗粒分析中的应用较少，Slattery 等（1997）在其研究中采用该方法测定了泥沙中单个砂粒大小的团聚体的矿物组成。在我国，有关土壤和泥沙颗粒分布特征的研究很少，在这些少有的研究中所采用的机械组成测定方法与国外相似，大部分研究仍然是以最经典的吸管法为主（黄丽 等，1999；胡宏祥 等，2007），但是，激光粒度仪的使用在近年来显示出越来越多的势头(彭怡 等,2010;Shi et al.,2012;Wang et al.,2014)。蔡崇法等(1996)采用吸管法研究了红壤表土的形态和颗粒组成,降雨过程中的变化及其对坡面侵蚀的影响。吴凤至等(2012)采用激光粒度仪法研究了坡面侵蚀过程中的泥沙颗粒特征。

1.2.2.3 侵蚀泥沙的机械组成特征

在土壤侵蚀的过程中,土壤颗粒可能以单个颗粒(单粒)的形式被侵蚀(Slattery et al.,1993),也可能以团聚体的形式被侵蚀(DePloey,1981;Loch et al.,1983),对于团聚性好、黏结性强的土壤,也可能既以单粒的形式又以团聚体的形式被侵蚀(Young,1980)。因此,不同类型的土壤,其土壤颗粒被侵蚀输移的形式可能不同。对于一些砂粒含量高的土壤和团聚性差的高粉土来说,大部分泥沙以单粒的形式被侵蚀(Meyer et al.,1992)。Young(1980)通过综述美国21种土壤(包括3种质地)的研究得到与Meyer相似的结论,他认为砂粒含量 >50% 的土壤,其泥沙主要是以单粒的形式被搬运输移,即这种土壤侵蚀的泥沙主要由砂粒构成。Parsons等(1991)也认为砂粒含量非常高的土壤主要以单粒的形式被侵蚀。因此,大部分学者认为土壤颗粒被侵蚀搬运的形式主要受土壤质地的影响。

侵蚀泥沙的单粒大小分布是由土壤可蚀性和径流对土壤颗粒的分离搬运过程的选择性共同决定的(Ampontuah et al.,2006)。Stone等(1996)通过总结他人研究指出,土壤的侵蚀和沉积过程具有选择性。尽管大部分研究认为细颗粒通常比粗颗粒优先被侵蚀,从而使泥沙颗粒比原土壤细(Parsons et al.,1991;Issa et al.,2006;Warrington et al.,2009)。但是,有关侵蚀泥沙的单粒分布(机械组成),各学者的研究结果仍然不一致。有的学者认为土壤侵蚀过程对单粒不会产生明显的分选,因而泥沙和土壤中的机械组成非常相似。例如:Mitchell等(1983)在室内人工模拟的条件下,通过对降雨过程中泥沙单粒大小分布的变化研究发现,在大多数情况下,侵蚀泥沙的机械组成与原土相似,没有明显的分选和富集。Martínez-Mena等(2002)在西班牙的东南部半干旱的地中海地区两种发育于不同母质的耕作土壤上,采用野外人工模拟降雨的方法,研究了细沟间侵蚀过程与侵蚀泥沙单粒和团粒大小分布的关系。结果发现,对发育于第三纪泥灰质黏土上的粉壤土,其泥沙中的机械组成与原土相似。此结果与Meyer等(1980;1992)和Wan等(1997)的研究结果一致。

此外,还有一些研究认为,降雨作为侵蚀动力,其特征(如雨强、雨滴大小和能量、历时等)对侵蚀泥沙的机械组成也具有一定影响。Durnford等(1993)通过室内人工模拟降雨的方法指出,在低强度降雨的条件下,泥沙比原土壤中的颗粒细,而随着降雨强度的增加,泥沙中的机械组成逐渐接近于原土壤。有学者研究了侵蚀泥沙的机械组成随产流量的变化过程。Mitchell等(1983)利用室内人工模拟降雨的方法,研究粉壤土在不同雨强下的产流产沙以及侵蚀泥沙的机械组成变化特征发现,产流开始,泥沙中黏粒比土壤中多、粉粒比土壤中少,但是随着降雨的继续,泥沙的单粒分布逐渐接近于原土。类似地,Warrington等(2009)同样指出了随着降雨的进行,表土性质发生了不同程度的改变,从而使侵蚀泥沙单粒组成发生变化,他认为在降雨之初,泥沙的颗粒比土壤的细,随着降雨的继续,表土团聚体在降雨动能的作用下发生崩解,从而使细小的黏粒堵塞土壤孔隙,此时径流的冲刷力增大,最终使泥沙的机械组成不断地接近于原土壤。

然而,一些学者认为土壤侵蚀过程对单粒也具有分选作用,单粒在泥沙中也会有不同程度的富集。有的学者认为黏粒在泥沙中富集,有的学者认为粉粒富集,有的学者认为粉粒和黏粒都富集,还有的学者则认为砂粒在泥沙中富集。

Bajracharya 等(1998)在天然降雨条件下,以俄亥俄州中部的粉壤土为研究对象,测定了土壤和泥沙的机械组成、容重、水稳性团聚体含量、土壤有机碳和全氮等,研究了这些土壤性质与土壤可蚀性的关系以及侵蚀泥沙的季节变化特征。结果表明,黏粒在泥沙中富集,富集率全年平均值约为 1.11。林昌虎(1993)对砂页岩山地土壤颗粒大小侵蚀规律的研究发现,砂页岩山地土壤侵蚀对单粒大小是有选择性的,侵蚀的高峰粒级除<0.005 mm 的黏粒外,还有 0.25~1 mm 和 0.05~0.25 mm 的颗粒。黄丽等(1999)在对紫色土壤颗粒流失规律进行研究时也发现黏粒在泥沙中富集,富集率为 1.74;细粉粒接近原土;粗粉粒和砂粒在泥沙中损耗。此外,还有一些研究同样得到了与上述研究相同的结论(Monke et al.,1977;Alberts et al.,1983;Warrington et al.,2009),他们均认为泥沙中以黏粒的富集为主。黏粒的流失将对土地生产力的下降和河流污染造成很大程度的影响,这是因为黏粒比表面积小,吸附能力强,所以农业活动中使用的化肥农药等化学物质很容易被吸附在黏粒表面而随其一起在泥沙中富集(Young,1980;Loch et al.,1983)。因此,清楚土壤侵蚀过程中土壤颗粒的侵蚀输移形式,并防止黏粒被侵蚀,对制订实际可行的水土保持措施具有非常重要的指导意义。

Martínez-Mena 等(1999)在西班牙东南部的粉黏壤土上,利用天然降雨,对两个不同覆盖的小区进行 4 年的监测,收集每次降雨的泥沙样品,用激光粒度仪分析颗粒大小分布。首先分析泥沙的团粒大小分布,团粒分析后的次土样经过分散后分析机械组成,同时在每次暴雨产流之后,采集小区表层土壤测定其机械组成,进而分析泥沙运移过程中的分离和搬运机制,通过对比泥沙和土壤的机械组成(机械组成的富集率),为泥沙运移过程的颗粒分选性提供一种方法,最终揭示植被覆盖对泥沙颗粒大小分布的影响。结果认为,砂粒和黏粒的富集率均小于 1,砂砾和黏粒在泥沙中损耗;而粉粒的富集率大于 1,表明粉粒在泥沙中富集,两个不同植被覆盖的小区平均富集率为 1.5。他们还指出,泥沙中黏粒的损耗主要是因为大部分黏粒是以团聚体的形式被侵蚀的,以单粒的形式很少(Alberts et al.,1980),Alberts 等(1983)还认为侵蚀泥沙中大部分黏粒是以砂粒大小的团聚体的形式被侵蚀的。这在一定程度上表明,黏粒含量并不是侵蚀敏感性评价的合适指标(Teixeira et al.,1997)。但是,有些学者则持不同意见,如 Knapen 等(2007)认为对于黏性土来说,其黏粒含量是土壤可蚀性评价的更合适指标。Pieri 等(2009)以意大利博洛尼亚东南部的壤土为对象,通过天然径流小区观测,测定小区土壤和径流泥沙的物理化学性质,包括土壤的机械组成、泥沙团粒和单粒的大小分布等,研究径流和侵蚀泥沙的特征以及土壤质地的变化,结果发现,粉粒最容易被侵蚀。Ampontuah 等(2006)认为 0.031~0.063 mm 的粗粉粒最容易被侵蚀。

尽管在以上综述的很多研究中,有的研究认为泥沙中主要是黏粒富集,而有的研究认为是粉粒富集,但是更多的研究则认为粉粒和黏粒都在泥沙中富集(Swanson et al.,1967;Deizman et al.,1987;Basic et al.,2002;Jin et al.,2009)。例如,Swanson 等(1967)以粉壤土为研究对象,利用野外人工模拟降雨的方法,在3个坡度条件下,用比重计法测定土壤和泥沙中的单粒以及泥沙中的团粒大小分布,以确定泥沙颗粒大小是否发生变化,并对比不同坡度下的泥沙团粒和单粒大小分布。结果发现,一般情况下,侵蚀泥沙中的粉粒和黏粒比土壤多,但是随着坡度的变化,土壤和泥沙中的颗粒大小也会有所不同。泥沙中的黏粒随坡度的增大而减少,且坡度越大,泥沙颗粒(团粒和单粒)越粗。Basic 等(2002)得到了相同的结论,他们也认为侵蚀泥沙中的粉粒和黏粒含量比原土壤中的高。Jin 等(2009)在室内人工模拟降雨的条件下对粉黏壤土的研究发现,0~0.02 mm 的细粉粒和黏粒最容易被径流选择性地侵蚀。在我国,张兴昌等(2001)在天然降雨条件下研究黄绵土侵蚀泥沙、有机质和全氮的富集规律时同样认为,侵蚀泥沙中小于0.01 mm 的颗粒富集,而且以小于0.001 mm 的黏粒为主。郭进等(2012)通过对三峡库区紫色土20°的坡面径流小区进行人工模拟降雨试验发现,在降雨的初期,侵蚀泥沙以小于0.05 mm 的单粒和团聚体为主,含量均在65%以上,富集率分别为1.30和1.44;但在整个降雨过程产生的侵蚀泥沙中,小于0.05 mm 单粒和团粒的富集率分别为1.12和1.10,所以小于0.05 mm 颗粒是侵蚀泥沙的主体,其中又以0.002~0.05 mm 的粉粒和粉团为主。

此外,一方面,土壤本身的砂粒含量非常高;另一方面,径流速度变大或有细沟产生(Govers,1985),这两方面因素都会导致砂粒在泥沙中富集。Fullen 等(1996)在英国什罗普郡东部,以壤质砂土为研究对象,通过天然径流小区观测,对比小区土壤和侵蚀泥沙物理化学性质,研究了颗粒大小分布、有机质含量、养分和 pH 的变化。结果发现,泥沙比原土壤粗,而且以0.06~2 mm 的砂粒为主,但是有所不同的是,随坡度的增大,粉粒和黏粒在泥沙中则会增多。Young 等(1978)分别以壤土、粉壤土和壤砂土3种质地的土壤为研究对象,利用室内人工模拟降雨试验,通过测定细沟间和细沟泥沙中团粒和单粒大小分布,以及原土的单粒分布,研究细沟间和细沟侵蚀泥沙的数量和物理性质。研究认为,细沟间侵蚀泥沙中的砂粒含量比原土壤和细沟中的多,而黏粒含量则比原土壤和细沟中的少。作者解释一部分原因可能是土壤和水流条件有利于入渗和淋溶作用的产生,从而导致细颗粒向下移动而使表土变粗,因此侵蚀泥沙中的粗颗粒含量比原土多,而细颗粒含量则比原土少(Slater et al.,1942)。

1.2.3 团聚体与土壤侵蚀关系的研究进展

1.2.3.1 团聚体的概念和粒径分级

土壤团聚体,即团粒,是组成土壤结构的基本单元,它是指两个或两个以上的土壤颗粒(单粒)通过比周围土粒强的黏结力而相互凝聚在一起所形成的土壤结构体(Kemper et al.,1965;Soil Science Society of America,1997;Nimmo,2004),它具有水稳性、力稳性和多孔性的特点。其粒径大小分布和稳定性是两个最重要的性质,也是两个互相关联的概念。前者决定了土壤对风和水等动力侵蚀搬运的敏感性,团聚体的大小会影响土壤孔隙的大小,进而对土壤中水汽的运移、入渗、产流产沙等产生重要影响,最终影响土壤的肥力状况和作物的生长;后者是土壤团聚体对外来破碎力的脆弱性量度,这些作用力通常与耕作、侵蚀和浸湿等有关,对土壤入渗和侵蚀过程有着极其重要的影响。当降雨或灌溉使土壤水分达到较高水平时,团聚体的大小分布则成为决定土壤大孔隙量的一个主要因素,因此团聚体大小分布的测定方法选择很大程度上取决于分析的目的，并且团聚体的大小分布在某种意义上也决定了团聚体的稳定性。同时，需要指出的是，在土壤水蚀过程中所说的团聚体稳定性更多的是指团聚体水稳性，团聚体大小分布测定实际上得到的就是水稳性团聚体的含量，所以团聚体大小分布与水稳性团聚体这两个概念并没有本质的区别。由团聚体构成的团粒结构具有良好的结构性和耕层构造，是农业上非常宝贵的一种土壤结构(黄昌勇，2000)。正是由于团粒结构具有多级构造的特点，当施加在土体上的能量越来越大时，大多数的土壤团聚体就会破碎分解成更小的团聚体，进而又破碎成土壤单粒。因此，可以根据破坏团聚体黏结力的不同，将团聚体分成不同的等级系统。

Tisdall 和 Oades 早在 1982 年就提出了一种团聚体粒径分级的概念模型，用来描述细菌、真菌、动植物残骸是如何将土壤单个的矿物颗粒胶结在一起形成微团聚体，而这些微团聚体又是如何通过微生物、植物多糖、根系和真菌菌丝等黏合剂形成大团聚体。之后，Duiker(2006)基于在气候温和的地中海地区的试验研究，提出了一种分级系统来解释土壤团聚体这种概念模型。他认为团聚体粒级一般可以分为 4 级：①黏团(粒径<0.002 mm)；②团簇(粒径 0.002~0.02 mm)；③微团聚体(微团)(粒径 0.02~0.25 mm)；④大团聚体(团粒)(粒径 0.25~2 mm)。Oades 等(1991)认为该分级系统也可能用于中度风化的热带土壤和火山灰土，但是在高度风化具有稳定微晶粒结构的热带土壤中，仅仅可以区分出一级粒径。通常研究者们将粒径>0.25 mm 的团聚体称为大团聚体，粒径<0.25 mm 的团聚体称为微团聚体。对团聚体所取样品进行分析时，测定粒径和样品量的选择根据试验目的的不同而有所不同(见表 1-3)。一般而言，进行土壤团聚体粒径分布分析时，所用土样粒径多为 1~8 mm，样品量为 20~50 g；进行土壤团聚体水稳性分析时，所测定的粒径则常常<2 mm，样品量通常<20 g(王秀颖 等，2011)。

Yoder(1936)设计了一种直接分析土壤团聚体的方法，在亚拉巴马州试验站的径流小区上，采用天然降雨和人工模拟降雨相结合的方法，研究了耕作条件下土壤物理性质对土壤侵蚀的影响。他将土壤团聚体分为 8 级，分别为：<0.02 mm、0.02~0.05 mm、0.05~0.1 mm、0.1~0.25 mm、0.25~0.5 mm、0.5~1 mm、1~2 mm、>2 mm。Alberts 等(1980)在研究土壤团聚体和主要颗粒在细沟和细沟间水流中的传输时，将团聚体和单粒粒径分为<0.05 mm、0.05~0.21 mm、0.21~0.5 mm、0.5~1 mm、1~2 mm、>2 mm 等 6 级。Drazkiewicz(1994)在分析不同直径的土壤团聚体中的微团聚体的分布时，采用 <0.5 mm、0.5~1 mm、1~3 mm、3~5 mm、5~7 mm、>7 mm 等 6 级。Six 等(2000)通过分析土壤结构和有机碳之间关系，研究耕作活动强度对土壤团聚体粒径分布和稳定性的影响，在试验中他采用了 4 个粒径分析：<0.053 mm、0.053~0.25 mm、0.25~2 mm、>2 mm。Kristiansen 等(2006)通过在耕地中采集原状土样，研究不同质地的耕地土壤中不同粒径团聚体的相似性，他将团聚体粒径分 8 级进行其粒径分布和稳定性研究，分别是 <0.063 mm、0.063~0.125 mm、0.125~0.25 mm、0.25~0.5 mm、0.5~1 mm、1~2 mm、2~4 mm、4~8 mm。郭伟等(2007)利用 LB 法分析土壤团聚体稳定性时，将粒径分为：<0.05 mm、0.05~0.1 mm、0.1~0.25 mm、0.25~0.5 mm、0.5~1 mm、1~2 mm、2~3 mm、>3 mm 等 8 级。

表 1-3　团聚体分析中所用土样的粒径和质量

研究者	年份	分析内容	粒径/mm	质量/g
Yoder	1936	水稳性	<0. 02,0. 02~0. 05,0. 05~0. 1,0. 1~0. 25,0. 25~0. 5,0. 5~1,1~2,>2	5
Russell et al.	1947	水稳性	2~4. 7	5
Nijhawan et al.	1948	粒径分布	0. 2~0. 5,0. 5~1,1~2,>2	85
Kemper et al.	1965	水稳性	0. 25~1,1~2	4
Kemper et al.	1965	粒径分布	<0. 21,0. 21~1,1~2,2~4. 76,4. 76~8	25
中国科学院南京土壤研究所	1978	粒径分布	<0. 25,0. 25~0. 5,0. 5~1,1~2,2~3,3~5,>5	50
Rhoton et al.	1982	粒径分布	0. 063~0. 125,0. 125~0. 25,0. 25~0. 5,0. 5~1,1~4. 75	25
Pojasok et al.	1990	水稳性	0. 25~1,1~2	3
Dickson et al.	1991	水稳性	1~2	20
Haynes	1993	粒径分布	<0. 25,0. 25~0. 5,0. 5~1,1~2,2~3,3~4	30
Angers et al.	1993	粒径分布	<0. 25,0. 25~0. 5,0. 5~1,1~2,2~6	40
Candan et al.	2009	粒径分布	<0. 053,0. 053~0. 25,0. 25~2, 2~8	60

1. 2. 3. 2　团聚体的形成与破碎机制

土壤颗粒可以通过各种途径形成团聚体,其中有些途径可以形成稳定性很强的团聚体,而有些则只能形成非稳定性团聚体。团聚体大致可以通过两种途径形成:①单粒通过凝聚和黏结等作用形成复粒(微团聚体),复粒进一步通过胶结作用形成团聚体,即一般认为的土壤团聚体的多级团聚形成观点;②土体或大土块在各种外力(冻融交替、干湿作用、根系压力、耕作及土壤动物活动等)的作用下崩解成大小不同的团聚体(姚贤良 等,1986)。土壤颗粒经过各种作用形成的团聚体能否承受雨水打击和浸泡,或经过机械压力后仍能保持原状,这就是所谓的团聚体稳定性。它是指土壤团聚体抵抗外力破坏的能力,包括水稳性和力稳性两个方面,其中,水稳性团聚体并不是简单表现为各种粒径颗粒的随机排列,而是首先取决于黏粒的凝聚和絮凝(卢金伟 等,2002),即黏团的形成。黏团是形成微团聚体和大团聚体的基本单元,它是在氧离子或氢键作用下,黏粒定向排列而形成的一种具有一定结构单元的土体。Emerson(1967)认为团聚体中的黏粒很大程度上决定了一种土壤的结构稳定性。黏团之间通过直接团聚或胶结剂的作用相互团聚,从而形成粒径不一、稳定程度不同的各种大小的团聚体(华孟 等,1993)。此外,粉粒和砂粒也可以通过黏团和有机胶体而参与形成团聚体(黄昌勇,2000)。通常认为,在团聚体形成的过程中,起胶结剂作用的物质有黏粒、无机胶体和有机胶体三大类。其中,无机胶结剂主要包括 Ca^{2+}、Mg^{2+}、Fe^{3+}、Al^{3+} 等多价阳离子,有机胶结剂可分为瞬时的、暂时的和持久的。瞬时胶结剂主要包括微生物产生的和来自植物的多糖;暂时胶结剂包括植物根系和菌丝以及一些真菌;持久胶结剂包括强吸附聚合物,以及与多价金属阳离子结合的腐殖质(Tisdall et al. ,1982)。

早期研究认为,团聚体主要是依靠有机质对黏团之间、石英颗粒和黏团之间键合的加强来使其达到稳定状态而形成的(Emerson,1967)。20 世纪五六十年代,对团聚体的形成机制研究有了新进展。西方土壤学家提出了土壤团聚体形成的黏团说,东欧学者提出了土壤团聚体的多级团聚学说。Edwards 和 Bremner 在 1967 年提出了一个团聚体形成模式,该模式是以有机-无机复合体为基础的。之后,Tisdall 和 Oades 在 1982 年通过剖析土壤团聚体中不同结构单元和胶结剂的组成,提出了主要胶结剂与土壤团聚体形成关系的理想模式,他们认为团聚体的形成阶段依次为<0. 000 2 mm、0. 000 2~0. 002 mm、0. 002~0. 02 mm、0. 02~0. 25 mm、>2 mm 等 5 个粒级。在这些阶段中,发挥作用的胶结物质不同,形成机制存在差异,因而所采用的分析方法也不同。Oades 等(1991)将这个模式作了修正,他们根据不同大小团聚体的形成机制不同,采用不同的分析方法。首先,采用机械湿筛法分离出 0. 25~0. 5 mm、0. 5~1 mm、1~2 mm、2~4 mm 等 4 个粒级;其次,对于粒径<0. 25 mm 的颗粒,先通过人工湿筛的方法得到 0. 053~0. 09 mm、0. 09~0. 15 mm、0. 15~0. 25 mm 等 3 个粒级,然后,对于粒径<0. 053 mm 的颗粒,用沉降法分离出<0. 002 mm、0. 002~0. 02 mm、0. 02~0. 053 mm 等 3 个粒级。作者根据起作用的胶结物质的不同,将团聚体分级,研究其形成机制,这种模式可以说明土壤结构具有等级性质,从而表明不同大小的团聚体具有不同的团聚机制和稳定性。对于粒径>0. 25 mm 的大团聚体而言,大部分是由细菌和真菌丝连接的有机胶结剂的絮凝作用形成的,而粒级为 0. 05~0. 25 mm 和 0. 002~0. 05 mm 的微团聚体是由有机质、结晶氧化物和非晶形硅铝酸盐等不同的黏结剂胶结而成的(Tisdall et al. ,1982)。因此,不同等级序列的团聚体具有不同的形成机制,其物理化学生物过程也不同,并且低等级团聚体序列(黏团和团簇)的混合颗粒结合得更紧密,有更强的内应力,低等级团聚体的结构一旦被破坏,高等级团聚体(微团聚体和大团聚体)则一定也遭到破坏(Dexter,1988)。所以,要全面了解土壤团聚体的稳定性,必须对不同等级序列的团聚体行为分别进行分析。有关团聚体形成的机制研究进展一直比较缓慢,很多理论都只是假说,还没有得到更多数据的科学验证。

长期以来,土壤流失量被认为是雨滴击溅和水流作用对土壤团粒的分离和分离泥沙颗粒的搬运以及沉积过程的净平衡。以细沟间侵蚀为例,土壤团聚体的分离主要是由于雨滴击溅的作用,而搬运主要是径流的影响(Kinnell,1990;Hairsine and Rose,1991),这些侵蚀的子过程主要取决于破碎的土壤颗粒的大小分布。因此,土壤团聚体的破碎不仅会影响入渗、结皮等土壤物理特征,而且会进一步对土壤可蚀性和土壤侵蚀产生重要影响(Bradford et al.,1987;Fox et al.,1998)。某种土壤,其团聚体是否容易破碎成细小颗粒(包括单粒和团粒),在侵蚀过程中具有重要作用(Le Bissonnais,2003)。在土壤团聚体破碎的过程中,当土粒间的黏结力较弱时,机械压力则会成为引起团聚体破碎成较稳定团聚体的主要作用力。当机械外力较小时,这些颗粒的粒径大小与自然状态下的团聚体相近,但是,随着破碎能力的增强,产生的这些破碎颗粒粒径减小的速率则与团聚体(黏团、微团聚体)的结构稳定性有关;在机械外力很大的情况下,产生的这些颗粒粒径分布将不再受外力的增量影响,而是与团聚体大小和稳定性的关系密切(Díaz-Zorita et al.,2006)。

土壤团聚体破碎强度和破碎后的颗粒大小对侵蚀过程中土壤颗粒的分离、搬运输移、水分的入渗,以及结皮的形成等均会产生重要影响。因此,团聚体破碎机制常常被认为是土壤可蚀性评价的一个好方法(Bryan,1968)。大部分学者认为团聚体的破碎机制主要有3种,即消散、分散和膨胀。Panabokke等(1957)认为,对于不同质地的土壤,引起其团聚体破碎的消散作用的原因不同,对于壤土,引起土壤团聚体消散破碎的主要原因是蓄闭空气爆破;而在黏土中,黏土矿物膨胀程度的不同是团聚体消散的主要原因。引起土壤团聚体破碎的原因有很多,在降雨径流侵蚀过程中,引起团聚体破碎的原因可能有:雨滴分离、浸润崩解、径流搬运,其中,前两个作用几乎同时发生,是土壤侵蚀的初始阶段,对产流产沙有着极大的影响。Le Bissonnais(1996)分析总结了土壤团聚体的4种破碎机制:①消散(崩解),在快速湿润过程中,干团聚体内部蓄闭的空气被压缩而发生的破裂;②差异膨胀,土壤湿润过程中,由于黏粒、粉粒和砂粒等土壤单粒的膨胀程度不同,土壤产生微小裂隙;③雨滴打击导致土壤团聚体的分散破碎;④物理化学分散,在土壤湿润过程中,胶体颗粒间的黏结力减小导致的团聚体破碎。崩解和膨胀作用主要取决于土壤的前期含水量和湿润速率,分散破碎主要取决于降雨动能,而物理化学分散则与土壤溶液有关。

国内外对土壤侵蚀过程中团聚体破碎机制的研究较多,但是,由于研究目的和试验设计的不同,研究结果的差异也较大。尽管如此,大部分研究者仍认为,影响土壤团聚体破碎和侵蚀的主要因素是土壤的初始含水量和湿润速率。Luk(1985)研究表明,砂壤土的初始含水量从凋萎点增加到饱和,土壤流失量是原来的5倍。Reichert等(1994)在模拟降雨试验之前进行了2 h的预降雨,结果发现所研究的土壤中稳定团聚体含量较高的氧化土的土壤流失量减少,其他土壤的径流量和产沙量都没有太大变化。Vermang等(2009)通过人工模拟降雨试验,研究了比利时黄土的初始含水量对团聚体稳定性和侵蚀过程的影响,研究发现,团聚体稳定性随土壤前期含水量的增加而增强,雨滴打击造成的团聚体破碎量减少。Le Bissonnais等(1997)、史志华等(2007)、范云涛等(2008)、闫峰陵等(2009)都用Le Bissonnais提出的湿润方法进行过土壤团聚体稳定性分析。在土壤湿润过程中,各种崩解分散作用的强度与土壤的湿润速率和前期含水量有关,土壤的初始含水量越低,湿润速率越快,那么其分散作用就会越剧烈。土壤团聚体的形成和破碎机制研究是土壤科学的一个热点,但是,由于有机胶体和黏粒相互黏结的土壤团聚作用是一个复杂的物理化学过程,因而也使其成为土壤科学研究的一个难点。

1.2.3.3 团聚体粒径分布的测定方法

土壤结构的破坏是水蚀的前期形式和初始阶段,而组成土壤结构的团聚体,特别是水稳性团聚体在土壤水蚀和农业生产实践中意义重大。团聚体的粒径大小决定了它们对水流动力引起的颗粒运动(侵蚀)的敏感性,同时也决定了土壤孔隙的大小分布,进而对土壤水汽的运动产生影响,它是决定作物生长的关键因素(Kemper et al.,1965)。在某种程度上,对侵蚀过程中团聚体粒径大小分布的研究实质上也是对水稳性团聚体含量的测定。土块或土体破碎成团聚体的过程,需要借助某种力的作用。在这个被外力作用的过程中,那些仍然保持完整的团聚体,它们内部单粒之间具有足够强的黏结力来抵抗外力的作用(Black,1965),而这些能抵抗破坏的团聚体即稳定性团聚体。所以,团聚体稳定性和粒径分布测定取决于外部的破坏力和内部的黏结力两个因素。Kemper(1965)认为样品分析过程中通常涉及的破坏力有:①采样和制备分析样品过程中的挤压和切应力;②筛分过程中的研磨和挤压;③水进入土壤孔隙引起团聚体的爆破。这些破坏力的种类和作用程度不同,团聚体被破碎后颗粒的粒径大小也不同。根据团聚体形成的等级团聚理论,不同大小的团聚体的团聚机制不同,因此当外力作用时,其稳定机制也不同。通常大团聚体(粒径>0.25 mm)的稳定性较差,而微团聚体(粒径<0.25 mm)的稳定性较高。因此,团聚体水稳性和粒径大小分布测定应该根据团聚体形成破碎机制的不同采用不同的分析方法。

目前,对大团聚体稳定性和粒径分布测定的方法主要有湿筛法、雨滴法、LB 法和微形态法。其中,应用最广泛的是湿筛法(Kemper et al.,1966;Kemper et al.,1986),即 Yoder(1936)提出的湿筛法及其改进的团聚体稳定性和粒径分布的分析方法。在该方法中,通过使土样周期性地在水中浸没并筛分,模拟自然界水进入土壤团聚体所引起的作用力使团聚体破碎,最终获得稳定团聚体与单粒的量。该方法几乎涵盖了团聚体破碎的全部机制,多用于分析全土壤样品的水稳性团聚体和团聚体粒径分布,且湿筛分析前土壤样品的含水量和湿润程度对结果影响很大。因此,针对该问题,有的学者研究了不同的预湿处理对团聚体测定结果的影响。Rquez 等(2004)提出一个假设:针对崩解(快湿)和毛管预湿(慢湿)两种预处理,如果毛管预湿之后的崩解对稳定和非稳定大团聚体数量的测定更精确,那么,这种土样预湿方法可以用来确定稳定性团聚体的数量和粒径大小分布。Russell 等(1947)采集艾奥瓦州的 4 种表层粉壤土,通过对 0.1~0.25 mm、0.25~0.5 mm、0.5~1 mm、1~2 mm、2~4.7 mm、>4.7 mm 等 6 个粒级进行湿筛,确定水稳性团聚体的比例,以此来研究土壤团聚体的水稳性特征。他们研究发现,团聚体较高的初始稳定性和较低的破坏速率可能与大粒径的水稳性团聚体含量高有关。Bryant 等(1948)对水稳性团聚体的数量和粒径分布进行研究,并将这种分析方法与 Yoder 湿筛法对比,以期获得一种更简单、更快、重复性更好的团聚体分析方法。

另外一种团聚体稳定性的测定方法是雨滴法，该方法是 McCalla 在 1944 年提出的，将已知粒径的团聚体置于筛子上，用已知大小和高度的雨滴打击团聚体，计算破碎团聚体的雨滴数量和所需的能量。Nearing 等(1985)利用该方法对雨滴打击造成的团聚体破碎进行了研究，之后，Bradford(1986)又对雨滴击溅引起的土壤结皮影响开展了研究。他们均认为雨滴打击是造成无覆盖的表土颗粒分离的主要原因，同时也是影响结皮的主要因素。该方法操作简单，但是在团聚体样品的选取上存在很大的偶然，取样误差较大，并且到目前还没有得到破碎团聚体的能量与土壤流失的作用规律。

LB 法是 1996 年 Le Bissonnais 提出的，该方法是根据团聚体的破碎机制，主要用于测定在降雨径流侵蚀过程中团聚体的稳定性。结果发现，“气爆”对团聚体破碎的影响最大，它可能是团聚体破碎的主要动力。在土壤团聚体稳定性研究中，LB 法的应用比较普遍，很多学者利用该方法提供的团聚体破碎机制设计试验研究发现，对于大多数土壤而言，湿润速率对团聚体破碎的影响远大于雨滴击溅(Loch et al.，1994)，并且快速浸润引起的团聚体消散破坏是水稳性团聚体测定方法中最简单易行的。

微形态法用扫描电镜或偏光电镜等显微镜代替肉眼来研究土壤团聚体，该方法目前主要应用于土壤发生分类等领域，在土壤侵蚀研究中的应用较少，仍处于起步阶段。Oades 等(1991)、Dexter(1988)等用该方法研究了土壤团聚体和颗粒组成的微形态；蔡强国等(1996)用扫描电镜法研究了黄土发育的表土结皮过程。

此外，还有一种测定水稳性团聚体的方法是萨维诺夫法(中国科学院南京土壤研究所土壤物理研究室，1978)，但是应用较少。黄少燕等(2002)利用该方法分别测定了土壤和泥沙中水稳性团聚体，以此来研究机械组成和水稳性团聚体在侵蚀过程中的变化规律。微团聚体的测定与大团聚体既有联系又有区别，它主要是利用水分散法测定其结构稳定性，通常与化学分散法测定的单粒大小分布相结合，计算结构系数和分散率等指标来评价其稳定程度。需要指出的是，在土壤侵蚀对土壤和泥沙颗粒影响研究中，截至目前，无论哪种团聚体分析方法均无法得到真正的水稳性团聚体含量，而只是获得了团聚体破碎后的水稳性团聚体和单粒的混合颗粒物质。

1.2.3.4 团聚体粒径分布的评价指标

土壤水蚀是降雨侵蚀力、土壤可蚀性、坡度坡长、作物植被覆盖和田间管理、水土保持措施等的函数，而土壤可蚀性又是土壤作为侵蚀的下垫面所表现出的敏感性，长期以来，为了评价土壤可蚀性的大小，研究者们从土壤可蚀性与土壤物理性质出发提出了许多指标，其中，最重要的是机械组成和团聚体稳定性与大小分布。然而，由于团聚体的分析方法不同，使用于表征其稳定性和粒径大小分布的指标也有所区别。目前，应用比较广泛的评价指标有：平均加权质量粒径(mean weight diameter，MWD)、几何平均粒径(geometric mean diameter，GMD)、中值粒径(D_{50})、粒径>0.25 mm 水稳性团聚体含量($WSA_{>0.25\ mm}$)等，以及一些用于评价微团聚体稳定性的指标，如分散率(dispersion ratio，DR)、团聚度、结构系数,以及分形维数等。

Kemper(1965)指出,从某种意义上说,确定团聚体稳定性也就是确定团聚体粒径分布。事实上,团聚体稳定性和粒径分布并没有本质区别,只是侧重点不同。团聚体稳定性是指一定的分散破坏力对特定粒径的团聚体产生的影响,可用分散后大于某一粒径的团聚体质量占样品总质量的百分数表示(Kemper,1965)。而团聚体粒径分布则是指经过分散破碎作用后产生的团聚体大小的组成,一般用 MWD 或 GMD 表示(Kemper et al.,1965)。MWD 是 1945 年 Van Bavel 提出的,是评价各级团聚体的综合指标,其计算公式为

$$\mathrm{MWD} = \sum_{i=1}^{n} \bar{x}_i \cdot w_i \tag{1-1}$$

式中 MWD——平均加权质量粒径,mm;

$\bar{x}_i$——每一粒级的平均直径,mm;

w_i——每一粒级水稳性团聚体的含量(%)。

MWD 大的团聚体粒径越大,土壤结构越好;反之,越差(姚贤良 等,1986)。在描述土壤团聚体粒径分布时,该指标被广泛应用。

另一个反映团聚体粒径分布的指标 GMD 的计算公式为

$$\mathrm{GMD} = \exp\left[\left(\sum_{i=1}^{n} w_i \lg \bar{x}_i\right) / \left(\sum_{i=1}^{n} w_i\right)\right] \tag{1-2}$$

式中 w_i——平均直径为 $\bar{x}_i$ 的水稳性团聚体质量,g;

$\sum_{i=1}^{n} w_i$——土壤样品的总质量,g。

该公式是 Mazurak 于 1950 年提出的。

除这两个常用的评价指标外,中值粒径(D_{50})、粒径>0.25 mm 水稳性团聚体含量($\mathrm{WSA}_{>0.25\ \mathrm{mm}}$)、分散率(DR)、团聚度和结构系数等指标在土壤团聚体稳定性和粒径分布评价中也被广泛使用。其中,D_{50} 是指土壤颗粒各粒级累计含量达到 50% 时所对应的粒径,即粒径大于 D_{50} 的颗粒含量占 50%,小于 D_{50} 的颗粒含量也占 50%;顾名思义,$\mathrm{WSA}_{>0.25\ \mathrm{mm}}$ 是指粒径>0.25 mm 水稳性团聚体的含量,该指标在苏联、东欧、印度和我国应用较多,其评定土壤结构的效果会因土壤类型和组成的不同而不同。对于一些黏质土壤,用该指标的评价效果不好,因此必须补充其他的评定指标。分散率、团聚度和结构系数等主要是根据机械分析和微团聚体分析结果中某级单粒和团粒含量的比值获得的(姚贤良 等,1986)。分散率是指粒径<0.05 mm 的微团聚体与单粒含量的比值;团聚度是指小于某粒径的土粒团聚在大于该粒径团聚体上的含量;结构系数是指以团聚体形式存在的黏粒含量。此外,近年来一种来源于分形理论的定量描述土壤结构特征的新指标在土壤侵蚀基础研究中流行,该指标是用分形模型计算土壤单粒、团粒和孔隙度的分形维数,从而用其表征土壤的颗粒组成和结构特点,某种土壤的分形维数越大,表明其颗粒粒径越小,

土壤质地也越不均匀。

分散率：

$$DR = \frac{a}{b} \times 100 \tag{1-3}$$

式中　a——微团聚体分析得到的粒径<0.05 mm 的微团聚体含量；

b——机械分析得到的粒径<0.05 mm 单粒的含量。

团聚度：

$$K' = \frac{(d - c)}{d} \times 100 \tag{1-4}$$

式中　c——微团聚体分析得到的粒径>0.05 mm 的微团聚体含量；

d——机械分析得到的粒径>0.05 mm 单粒的含量。

结构系数：

$$K = \frac{(f - e)}{f} \times 100 \tag{1-5}$$

式中　e——微团聚体分析得到的黏粒含量；

f——机械分析得到的黏粒含量。

团聚体作为影响土壤可蚀性的一个主要的土壤物理性质，其水稳性和粒径大小分布对土壤水蚀有重要作用，因此在研究中有必要寻找能最好地表征团聚体的这种性质的指标，从而使其更好地为土壤水蚀研究服务。有关团聚体粒径大小分布的评价指标的研究较多。Teixeira 等（1997）用 MWD 作为土壤颗粒大小分布的指标，研究了开垦森林土壤颗粒大小分布与机械稳定性对侵蚀泥沙颗粒大小分布的影响及其侵蚀特征。陈正发等（2011）采用快湿和慢湿两种湿润方法，选用 MWD 和 GMD 两个团聚体稳定性评价指标，研究了 4 种不同的土地利用条件下，紫色土旱坡地土壤团聚体稳定性特征对侵蚀过程的影响，研究发现，降雨前期土壤团聚体稳定性特征与侵蚀产流产沙相关性最高，并且 MWD 能更好地反映紫色土团聚体与侵蚀产沙产流之间的关系。Russell 等（1947）用艾奥瓦州 4 种黄土发育的粉壤土分析了振荡时间与团聚体稳定性之间的关系，以期找到一种适合描述团聚体稳定性与破坏强度之间关系的指标，结果发现，粒径>0.25 mm 水稳性团聚体含量（$WSA_{>0.25\ mm}$）与振荡时间呈指数函数关系，并显著相关。还有学者认为粒径>0.5 mm 水稳性团聚体含量（$WSA_{>0.5\ mm}$）与土壤流失的关系最为密切（Luk，1979）。Bajracharya 等（1998）通过计算土壤和侵蚀泥沙中水稳性团聚体百分比（WSA），结合容重、有机碳、总氮等土壤性质的测定，研究土壤和泥沙中颗粒大小分布的时空变化。郭伟等（2007；2008）为了使不同粒径团聚体稳定性具有可比性，采用了 Zhang 提出的标准化平均加权重量直径（NMWD）和 MWD 来评价团聚体稳定性。闫峰陵等（2007）通过分析 MWD、NMWD 以及 $WSA_{>0.25\ mm}$ 等指标，研究红壤表土团聚体稳定性对坡面侵蚀的影响，结果表明湿筛团聚体 MWD 和 $WSA_{>0.25\ mm}$ 与侵蚀量和径流强度相关程度最高。Cogo 等（1983）以质地分别为粉壤土和壤土的土壤为研究对象，选定坡度分别为 4.5% 和 6.5% 的坡面进行野外人工模拟降雨试验,采用湿筛法和吸管法相结合的方法对侵蚀泥沙 0.002~2 mm 范围的10个粒级团聚体含量进行测定,选择 D_{50} 作为评价指标,研究了作物残茬覆盖、耕作活动和径流速率对侵蚀泥沙团聚体大小分布的影响。Slattery 等(1997)根据 DR 的概念,利用未分散和分散的泥沙颗粒中值粒径的比值评价悬浮泥沙团聚程度的时间变化。该思想也被其他研究者引用,将某一粒级团粒与单粒含量的比值作为评价土壤团聚程度的指标,在土壤水蚀泥沙颗粒的研究中得到较多使用(Martínez-Mena et al.,1999;Shi et al.,2013)。

有关团聚度和结构系数在土壤侵蚀颗粒特征研究中的应用较少,截至目前还没有发现完全利用这两个指标的原始概念进行的相关研究,很多学者根据研究目的的不同,会基于这些评价土壤结构指标的原始概念提出一些新的评价指标。例如:Rquez 等(2004)为了研究基于团聚体的抗崩解能力,提出了稳定团聚体指数(SAI)和稳定大团聚体指数(SMaI),结果表明:这两个指标都被认为在不同的滨岸缓冲带,植被对土壤团聚体稳定性的影响很敏感。杨培岭等(1993)基于土壤的分形特征,采用分形维数的概念,研究了用粒径重量分布取代数量分布计算土壤分形维数的可行性。结果不仅表明了这种取代是可行的,会使计算的土壤粒径分布分形维数更精确,而且还指出分形维数越大,土壤结构越紧实;且如果分形维数>2.88,则表明这种土壤质地较黏重,通气透水能力差,反之表明土壤结构好。

1.2.3.5 团聚体粒径分布的影响因素

团聚体的组成和稳定性取决于土壤中的胶结剂。胶结剂主要有有机胶体、无机胶体和黏粒3种,其中,有机胶结剂可分为瞬时的、暂时的和持久的。瞬时胶结剂主要是微生物产生的和来自植物的多糖;暂时胶结剂包括植物根系和菌丝以及一些真菌;持久的胶结剂包括强吸附聚合物,以及与多价金属阳离子结合的腐殖质。无机胶结剂主要包括 Ca^{2+}、Mg^{2+}、Fe^{3+}、Al^{3+} 等多价阳离子(Tisdall et al.,1982)。根据土壤类型的不同,起作用的胶结物质也不同。通常,在大多数土壤中,对团聚体的稳定性和粒径分布影响最大的胶结物质有:有机质、黏粒含量、铁铝氧化物、土壤微生物和土地利用方式等。

关于有机质对团聚体稳定性和粒径分布的影响已有很多研究,主要表现在两个方面的影响:①矿物单粒通过有机聚合体黏结和植物根系与菌丝的缠绕团聚在一起,使团聚体间的黏结强度增大;②有机质的存在使湿润速率降低,从而减少了团聚体消散作用导致团聚体的破坏量(Chenu et al.,2000)。Luk(1979)在加拿大亚伯达省南部采集了148个土样进行冲刷和击溅模拟试验,研究了有机碳、黏粒含量等土壤性质对土壤团聚体和土壤水蚀的影响,结果发现,对于有机质含量低的土壤,其水稳性团聚体含量与有机质含量呈正相关关系;然而,在有机质含量高的土壤中,水稳性团聚体含量与有机质含量则呈负相关关系。Wagner 等(2007)在澳大利亚大面积干旱的背景下,研究了耕地表土中黏粒含量和提高有机质含量对土壤团聚体形成的影响。结果表明:在有机质含量很低的情况下,干湿循环对团聚体稳定性的影响主要取决于黏粒含量。因此,黏粒含量与团聚体之间也存在着密切的关系。Kristiansen 等(2006)研究发现,在不同质地的耕地土壤中,粒径>2 mm 团聚体含量随着土壤中黏粒含量的增加而增加。Lado等(2004)通过不同湿润速率和土壤前期含水量条件下的黏粒含量对团聚体稳定性的影响研究,得到相似的结论:土壤团聚体稳定性随黏粒含量的增加而增大。Boix-Fayos等(2001)通过对半干旱和半湿润地区的土壤进行研究,认为微团聚体的水稳性与黏粒含量呈正相关关系,而大团聚体的水稳性则与有机质关系密切,且当土壤中有机质含量大于5%或6%时,团聚体稳定性与有机碳含量呈正相关关系。因此,土壤团聚体稳定性与土壤有机质的关系并非一直正相关或负相关,而是与土壤本身的有机质含量和团聚体粒径等级序列有关。

铁铝氧化物、氢氧化物等无机胶体在许多土壤中是水稳性团聚体的良好胶结剂,它们与团聚体的稳定性和土壤侵蚀量具有很好的相关关系(Duiker et al.,2003)。Oades等(1991)认为在有机质含量和黏粒含量均较低的酸性土中,土壤的团聚过程主要受Fe^{3+}和Al^{3+}的控制。Kemper等(1966)在美国西部519个土样中发现团聚体稳定性与游离氧化铁有显著相关性,但与游离氧化铝无相关性。然而,有些学者则认为氢氧化铝在稳定团聚体方面的作用优于氢氧化铁。为了验证氢氧化铝在这方面的重要性,Kubota(1975)用制备好的氢氧化铝溶液浸泡蒙脱石和埃洛石黏土,处理好的黏土泥浆风干后在不同的酸性、中性、碱性溶液中处理,测定其稳定性,结果发现,经过氢氧化铝浸泡处理的风干样品中团聚体的稳定性均得到增强。

微生物对土壤团聚体的影响主要表现在两个方面:①真菌和放线菌的菌丝对土壤颗粒的缠绕连接作用;②微生物的代谢产物,包括多糖和其他有机物,对土壤颗粒的胶结作用。Drazkiewicz(1994)利用冲洗和声振荡的方法研究各级团聚体中的微生物分布对团聚体大小的影响。Bearden等(2000)指出真菌菌丝可以使团聚体稳定性和土壤结构得到有效提高。土地利用方式的不同也会影响土壤团聚体稳定性。它主要是通过土壤孔隙度、容重、抗剪强度和渗水性等土壤性质来影响土壤结构和土地生产力的。姚贤良等(1985)研究指出土地利用方式对稳定性团聚体含量和粒径分布具有较大的影响。此外,其他很多因素均会对土壤团聚体的稳定性产生影响,如土壤矿物类型和数量、团聚体粒径等级、土壤肥力以及其他起胶结作用的胶结剂等。

综上所述,有关团聚体稳定性的影响因素研究有很多,但大多还存在争议或不够深入,具体这些因素如何起作用尚不是十分清楚。由于团聚体稳定性和经过侵蚀破碎后的颗粒粒径大小分布直接会影响土壤流失量,而团聚体是否稳定,很大程度上是由团聚机制决定的,因此在团聚过程中,任何影响团聚机制的土壤物理化学性质和机械外力作用都会影响团聚体稳定性和土壤结构,进而影响土壤可蚀性和土壤侵蚀。

1.2.3.6 侵蚀泥沙团聚体的粒径分布特征

对于大多数的土壤,一般而言,其侵蚀泥沙是由粒径大小不同的单个颗粒(单粒)和团聚体(团粒)共同组成的(Meyer et al.,1983)。在土壤侵蚀的过程中,土壤颗粒究竟以何种形式被侵蚀,研究者们普遍认为大部分的侵蚀颗粒是以团聚体的形式被输移(Swanson et al.,1965;Walling,1990;Slattery et al.,1997;Martínez-Mena et al.,1999)。只有在一些砂粒含量高的土壤和团聚性差的高粉土的侵蚀中,才会出现以单粒形式被侵蚀的情况(Meyer et al. ,1992)。因此,不同质地的土壤,由于其机械组成和团聚程度不同,其侵蚀泥沙粗细和颗粒的输移搬运形式不同(Gabriels et al. ,1978;Meyer et al. ,1983;Deizman et al. ,1987;Teixeira et al. ,1997)。Meyer 等(1992)以横跨密西西比州、艾奥瓦州、亚拉巴马州的美国中南和中西部集中种植作物的 22 种农地土壤为研究对象,采用野外人工模拟强度暴雨的方法,在 22 种农地土壤的坡地上进行试验,收集径流泥沙样品,分析了这 22 种不同质地的农地土壤侵蚀泥沙中团粒和单粒的大小分布特征,以及泥沙团粒中的单粒分布情况,以此来研究不同质地的农地土壤侵蚀泥沙的颗粒特征。他们指出,一般而言,黏粒含量高的土壤,其侵蚀泥沙通常最粗;砂粒含量高的土壤,其侵蚀泥沙的粗细其次;粉粒含量高的土壤,其侵蚀泥沙最细。但是也有例外,有些粉粒含量高的土壤,由于具有较好的团聚性,其产生的泥沙甚至比粗质地的砂土和细质地的黏土都要粗。他们进一步指出对于中等或高黏粒含量和团聚性好的高粉土而言,其大部分侵蚀泥沙往往是由团聚体组成的,因此这类土壤以团聚体的形式被侵蚀为主。Young(1980)也得到类似的结论。他通过查阅文献资料,分析了 21 种土壤裸露清耕条件下的泥沙特征数据,同时分析了 4 种土壤原土与泥沙中的团聚体和机械组成,以及泥沙团聚体中的机械组成特征。结果表明,黏粒含量>50%的土壤和粉粒含量>33%的土壤,主要以团聚体的形式侵蚀。他还指出,不同大小的团聚体通常具有相似的机械组成(本粒级的单粒除外),而且各级团聚体的机械组成与原土差异也不大,主要取决于土壤质地。

有关各级团聚体的机械组成研究不多,截至目前,主要有两个方面的结论。一方面,在大多数土壤及其侵蚀泥沙中,不同大小的团聚体具有相似的机械组成(本粒级的单粒除外),与团聚体的大小无关(Voorhees et al. , 1966; Young, 1980; Wan et al. , 1997; Beuselinck et al. ,2000)。例如:Swanson 等(1965)在美国内布拉斯加州的质地为极细砂壤土和粉黏壤土上,利用野外人工模拟降雨研究得到,侵蚀泥沙中 0. 1 ~ 0. 25 mm、0. 25~0. 5 mm、0. 5 ~ 1 mm、1 ~ 2 mm 的各级团聚体的机械组成相似(本粒级的单粒除外);Gabriels 等(1978)通过室内人工模拟降雨试验对美国艾奥瓦州的 4 种不同质地的土壤和比利时的 2 种粉壤土研究认为,对于粉黏壤土和粉黏土而言,<0. 05 mm、0. 05 ~ 1 mm 和>1 mm 的各级团聚体的粉粒和黏粒含量相似,对于粉壤土而言,>0. 05 mm 和<0. 05 mm 团聚体中的黏粒含量相等;Meyer 等(1980)认为<0. 063 mm、0. 063 ~ 0. 25 mm、>0. 25 mm 各级团聚体的细粉粒、黏粒含量相近;Meyer 等(1992)认为不考虑砂粒的情况下,最粗的(>0. 25 mm)团粒中<0. 004 mm 的单粒含量与最细(<0. 063 mm)的团粒中<0. 004 mm 的单粒含量相近。同时,大多数学者认为各级团聚体的机械组成接近原土的机械组成(Gabriels et al. ,1978;Young,1980;Beuselinck et al. ,2000),主要取决于土壤质地;也有学者认为各级团聚体的机械组成更接近泥沙的机械组成(Meyer et al. , 1980);还有的认为各级团聚体的机械组成与土壤和泥沙都很接近,如:Wan 等(1997)研究得到不同大小团聚体中的黏粒含量与土壤、泥沙中的都很相似。

另一方面,泥沙各级团聚体的机械组成也会随着团聚体的大小而有差别,Swanson 等(1965)认为<0.05 mm、0.05~0.1 mm 和>2 mm 各级团聚体的机械组成有显著差异。有的学者认为越细的团聚体,其黏粒含量越高,Gabriels 等(1978)认为对于细砂土而言,其泥沙中<0.05 mm 团聚体中的黏粒含量比其他各级团聚体的黏粒含量都高。但是,也有学者认为越粗的团聚体,其黏粒含量越高(Meyer et al.,1980;Alberts et al.,1983;Young et al.,1986)。Meyer 等(1980)指出有两种粉壤土,其侵蚀泥沙中>0.25 mm 团聚体的<0.004 mm 单粒最多,由此可以说明黏粒对形成大的稳定团聚体非常重要。对于某些粒径的团聚体,其单粒组成相对于土壤和泥沙的单粒组成而言,也有一定程度的富集。Young(1980)认为 0.21~0.5 mm、0.5~1 mm、1~2 mm 各级团聚体中的砂粒、黏粒均比土壤中多;Alberts 等(1980)认为 0.05~0.21 mm、0.21~0.5 mm、0.5~1 mm、1~2 mm、>2 mm 各级团聚体中的砂粒含量均比土壤中多,且 0.05~0.21 mm 和>2 mm 中的砂粒较土壤而言富集最多;0.21~0.5 mm 和 0.5~1 mm 团聚体中的粉粒比原土壤中少,而黏粒与原土壤约相等。综上研究可以发现,尽管研究结论不尽相同,但大部分学者较一致地认为侵蚀过程对团聚体的机械组成影响较小(Alberts et al.,1983)。

土壤侵蚀具有分选性,Swanson 等(1965)早在 1965 年就研究指出侵蚀泥沙明显比原土壤细。之后的大部分研究结果与其一致,均认为在径流过程中细的土壤物质优先被侵蚀(Meyer et al.,1984;Ghadiri et al.,1991;Nicholas et al.,1996;Wan et al.,1998)。土壤侵蚀对泥沙物质的输移和截留的选择性与水流的输移能力和表层土壤的粗糙程度有关(Farenhorst et al.,1995)。由于径流能量的限制,在侵蚀产沙量少的情况下,径流不足以引起细颗粒的优先搬运,而是粗颗粒更容易被击溅侵蚀而分离(Cai et al.,2002)。在降雨的过程中,由于表土团聚体的崩解、分散等水土间的相互作用使土壤表面结构发生变化,因此降雨强度、产流产沙强度以及侵蚀发育程度等均对侵蚀泥沙颗粒的组成产生不同程度的影响。吴凤至等(2012)以中国陕西省代表性的坡耕地土壤为研究对象,在室内人工模拟降雨的条件下,采用美国制的分级方案,用激光粒度仪法测定土壤和泥沙中的颗粒组成,分析了坡面侵蚀过程中泥沙颗粒的动态变化。结果发现,在坡面侵蚀的 3 个阶段中:①击溅侵蚀阶段,泥沙中以粉粒或粉团为主;②细沟间侵蚀阶段,泥沙中黏粒或黏团含量增多,砂粒和粉粒或砂团和粉团含量减少;③细沟侵蚀阶段,粉粒或粉团随细沟的发展逐渐增多,而砂粒或砂团、黏粒或黏团没有显著变化。侵蚀泥沙颗粒大小的分布不仅与侵蚀过程、水流动能等许多因素有关,而且还受土壤质地和团聚程度的影响。

因此,有关侵蚀泥沙的团聚体大小分布,以及究竟哪个粒级的团聚体更容易被侵蚀和在泥沙中富集,而哪个粒级的团聚体不容易被侵蚀,各学者的研究结果并不统一。有的学者认为黏粒大小的团聚体(黏团)在泥沙中富集(Rhoton et al.,1979);有的认为是粉粒大小的团聚体(粉团)在泥沙中富集(Young et al.,1978;Martínez-Mena et al.,2002);有的认为黏团和粉团都在泥沙中富集(Neibling et al.,1983;Stone et al.,1996;Slattery et al.,1997;黄丽等,1999;郭进等,2012);还有的则认为砂粒大小的团聚体(砂团)在泥沙中富集(Alberts et al.,1980)。

Swanson 等(1965)以质地分别为极细砂壤土和粉黏壤土的两种土壤为研究对象,采用野外人工模拟降雨的方法,对比了土壤和泥沙中的颗粒大小分布,研究发现黏团在泥沙中富集。Miller 等(1987)在美国东南部 15 种高度风化的土壤上,采用室内人工模拟的方法,研究细沟间侵蚀泥沙的特征,结果表明,粉团在泥沙中富集。Meyer 等(1980)以密西西比州北部 10 种农地土壤为研究对象,在这 10 种土壤的作物垄坡上进行野外原位模拟暴雨试验,收集径流泥沙,用湿筛法和吸管法测定泥沙团粒大小分布,同时降雨试验之前在每个小区附近采集表层 25 mm 处土壤,使用与泥沙相同的方法测定土壤中的团粒和单粒组成,将泥沙的颗粒大小分布与土壤的颗粒大小分布作对比,研究不同土壤类型、降雨强度和植被覆盖对泥沙颗粒大小分布的影响。结果发现,粗粉团在泥沙中富集最多,其次是中砂团;Young(1980)在早期的研究指出,0. 02~0. 2 mm 的颗粒最容易被侵蚀。他解释:>0. 2 mm 的颗粒较大,一定能量的水流很难将其分离和搬运;而<0. 02 mm 的颗粒间的黏结力阻碍了颗粒的分离。他进一步指出,对粉粒含量高的土壤来说,粉团(0. 002~0. 05 mm)最容易被侵蚀,尤其是 0. 02~0. 035 mm 的粗粉团。Martínez-Mena 等(2002)在西班牙东南部发育于第四纪石灰质的崩积土上,利用野外人工模拟降雨的方法,研究了侵蚀和泥沙特征,发现细粉团在泥沙中富集最多;而在发育于第三纪的泥灰土上的试验发现侵蚀泥沙以细粉团和黏团的富集为主。Sutherland 等(1996)以夏威夷富含黏粒的高度风化淋溶的高岭氧化土为研究对象,利用室内人工模拟降雨的方法,研究了雨滴击溅和径流冲刷作用下,泥沙团聚体的富集规律和时间变化以及坡度对团聚体富集率的影响。结果指出,击溅侵蚀和径流冲刷两个水蚀过程都优先输送<0. 063 mm 的粉粒和黏粒大小的团聚体(粉团和黏团,ER>1),此外,击溅侵蚀还优先分离 0. 5~1 mm 的粗砂大小的团聚体(粗砂团)。

Cai 等(2002)也指出粉粒含量>70%的粉质土,其侵蚀泥沙中 0. 002~0. 02 mm 细粉大小的团聚体(细粉团)的富集率大于 2;其次是 0~0. 002 mm 的黏粒大小的团聚体(黏团),富集率介于 1. 57~1. 85;>0. 02 mm 的团聚体则在泥沙中损耗,富集率小于 0. 5。黄满湘等(2003)在野外人工模拟降雨条件下,比较了北京西郊草地褐土的侵蚀泥沙与原土壤的团聚体粒径大小分布发现,泥沙中<0. 045 mm、0. 045~0. 1 mm、0. 1~0. 25 mm 的团聚体含量均高于原土壤。李朝霞等(2005)研究指出,由于泥质页岩和花岗岩红壤的团聚体稳定性差以及径流的选择性侵蚀,使得<0. 02 mm 的细粉团和黏粒等细颗粒在侵蚀泥沙中比在土壤中含量高很多。而在第四纪红壤的侵蚀泥沙中则以较粗的砂团为主。事实上,出现上述这些研究结果的差异,除由土壤质地和团聚体的稳定性决定外,土壤侵蚀的这种分选性还与坡面水流能量有关(Stoltenberg et al.,1953;闫峰陵,2008)。Wan 等(1997)以夏威夷当地氧化土为研究对象,利用野外人工模拟降雨的方法,设计 4 次连续降雨,测定泥沙和土壤中的团粒大小分布,研究了这种土壤的侵蚀泥沙输移和富集规律。研究指出,由表面水流输移的泥沙,其团聚体粒径大小分布和含量受水流水力特性、细沟

间–细沟侵蚀动态和产沙等过程的影响。当水流剪切力和水流功率没有显著超出水流分离土壤颗粒的临界值时,产沙量较少且径流优先输移粉粒和黏粒大小的团聚体(<0.063 mm);反之,如果水流剪切力和功率超出水流分离土壤颗粒的临界值,则产沙量随之增加,侵蚀泥沙主要由砂粒大小的团聚体(砂团)组成。Alberts 等(1980)在印第安纳中北部的粉壤土上,利用野外人工模拟降雨,研究发现,细沟间的侵蚀泥沙主要以粉团和黏团的富集为主,而细沟的侵蚀泥沙则主要以砂团的富集为主。

1.3　研究目的与意义

本书首先对我国 5 种典型土壤(红壤、紫色土、黄土、褐土、黑土)的降雨和产流产沙特征进行分析,确定其在天然降雨条件下的侵蚀规律,为进一步研究 5 种土壤的侵蚀过程和泥沙特征提供基础信息;其次,通过测定分析天然降雨条件下 5 种典型土壤侵蚀泥沙未分散颗粒(包括团粒和单粒)与分散颗粒(单粒)粒径大小和组成,以及不同大小团聚体的机械组成特征,探讨泥沙颗粒的主要侵蚀输移形式;最后,对比土壤与泥沙中未分散和分散条件下的颗粒大小分布,分析各粒径的未分散和分散颗粒在泥沙中的富集规律,探讨不同类型土壤的侵蚀分选性。该研究不仅可以为土壤侵蚀预报模型中土壤可蚀性因子的确定和土壤侵蚀过程研究提供理论依据,而且也对提高土壤抗蚀性、防止土地退化,以及减轻河湖泥沙淤积和养分富集等具有现实意义。

1.4　研究目标、内容、拟解决的关键问题

1.4.1　研究目标

本书研究目标如下:

(1)确定中国 5 种典型土壤侵蚀泥沙的机械组成和团聚体粒径大小分布规律,探究侵蚀泥沙颗粒的主要侵蚀输移形式。

(2)分析侵蚀泥沙各粒级团聚体的机械组成,探讨土壤侵蚀过程与不同大小团聚体的单粒组成之间的关系。

(3)了解土壤单粒和团粒在侵蚀泥沙中的富集特征,确定中国 5 种典型土壤的侵蚀分选性。

1.4.2　研究内容

本书研究内容如下:

(1)降雨和产流产沙特征。

选取有观测记录的降雨事件,利用降雨过程资料获得降雨特征指标,同时根据次降雨侵蚀产流产沙资料计算出径流和泥沙特征指标,分析 5 种典型土壤的侵蚀规律。

(2)侵蚀泥沙颗粒特征。

每次降雨之后,收集5种典型土壤的径流小区的径流泥沙样品,采用吸管法分析侵蚀泥沙的机械组成,同时在未分散条件下采用湿筛法与吸管法相结合的方法分析侵蚀泥沙的团聚体大小分布,分析5种土壤侵蚀泥沙颗粒大小和组成特征与泥沙颗粒的主要侵蚀形式。

(3)侵蚀泥沙团聚体的机械组成特征。

采集各径流小区泥沙样,利用湿筛法筛分出泥沙各级团聚体,用吸管法对各级团聚体中的机械组成进行测定,分析不同大小团聚体的单粒组成情况。

(4)土壤侵蚀的颗粒分选性。

在5种典型土壤的径流小区上采集土壤样品,并在每次降雨之后收集各个小区的径流泥沙样品,分别测定土壤和泥沙的单粒与团粒组成,通过对比颗粒大小在土壤和泥沙中的差别,分析土壤侵蚀的分选特征。

1.4.3　拟解决的关键问题

本书拟解决的关键问题如下:

(1)泥沙颗粒主要以何种形式被侵蚀输移?

(2)不同大小的单粒和团粒,哪些颗粒更容易被侵蚀而在泥沙中富集?单粒和团粒哪个表征土壤侵蚀过程更好?

第 2 章　材料方法

2.1　径流小区概况

本书在天然降雨条件下,通过室外标准径流小区的观测,采集径流泥沙和原状土壤样品,分别测定泥沙和土壤的机械组成与团聚体粒径分布。试验小区位于北京市房山区的北京师范大学地表过程与资源生态国家重点实验室房山试验基地。这些小区于 2005 年建成,自 2006 年以来一直有土壤流失量和径流量的观测记录。标准小区严格按照要求管理:保持连续休闲状态,并且实施顺坡上下耕作的方式,耕作不能在过湿的土壤上进行,按照北京市房山区当地的春耕时间(一般是每年 4 月前后)对小区进行翻耕,必要时还要消除结皮的影响;定期(半月一次)对小区进行手工拔除杂草(不使用除草剂),以保证标准径流小区所要求的植被覆盖度(<5%)。标准小区坡长水平投影为 20 m,宽为 2.1 m,坡度为 5°,坐南朝北,小区之间的间隔约为 1.5 m(见图 2-1)。每个小区出水口处连有一体积约为 200 L 的 7 孔分流桶,分流桶的中孔流入体积约为 600 L 的集流桶,如图 2-2 所示。

图 2-1　5 种典型土壤的径流小区

5 个径流小区中填充的土壤代表我国 5 种典型的地带性土壤类型,分别是:来自福建省安溪县的红壤、四川省南充市的紫色土、陕西省榆林市的黄土、北京市密云区的褐土和黑龙江省嫩江市的黑土(如图 2-1 中从左到右所示)。根据中国土壤系统分类,这 5 种土壤类型分别属于:黏化湿润富铁土、石灰紫色湿润雏形土、黄土正常新成土、简育干润淋溶土和简育湿润均腐土(中国科学院南京土壤研究所土壤系统分类课题组,2001)。根据美国土壤系统分类,相对应的土壤类型分别是:氧化土、始成土、新成土、淋溶土和软土(USDA,1999)。这 5 种土壤分别采自 5 个不同地区的 0~20 cm 耕层,在径流小区中的填充深度均为 30 cm 左右,坡面为翻耕裸露休闲。5 种土壤的基本理化性质如表 2-1 所示。

图 2-2　分流桶和集流桶

表 2-1　5 种土壤的基本理化性质

土壤类型	地点	土壤质地	黏粒（<0.002 mm）含量/%	粉粒（0.002~0.05 mm）含量/%	砂粒（0.05~2 mm）含量/%	主要黏土矿物	有机质含量/%	pH
红壤	福建	黏壤土	25.9	29.1	45.0	高岭石、三水铝石和伊利石	0.78	6.03
紫色土	四川	粉黏壤土	36.2	57.1	6.7	蛭石和高岭石	0.64	7.84
黄土	陕西	粉壤土	13.2	63.0	23.8	水云母	0.51	8.19
褐土	北京	粉壤土	18.2	57.8	24.0	水云母和蛭石	1.16	8.06
黑土	黑龙江	粉黏壤土	38.7	53.5	7.8	水云母和蒙脱石	5.40	5.94

2.2　降雨和产流产沙观测

径流小区降雨、产流产沙的观测包括降雨资料的观测、径流量和泥沙量的测定。

2.2.1　降雨资料

在北京师范大学地表过程与资源生态国家重点实验室房山试验基地，有一个专门用于收集气象数据的气象园（见图 2-3），园内有各种常见气象仪器，其中有虹吸式自记雨量计,用于记录每次降雨的过程资料。经过 3 年的监测,本书选取了 9 次降雨的侵蚀泥沙数据,次降雨主要特征如表 2-2 所示。

图 2-3　气象园

表 2-2　次降雨主要特征

日期(年-月-日)	降雨量/mm	历时/h	I_{30}/(mm/h)	径流深/mm					侵蚀模数/(t/hm^2)				
				红壤	紫色土	黄土	褐土	黑土	红壤	紫色土	黄土	褐土	黑土
2012-06-21	21.6	2.8	23.3	4.8	2.7	0.2	0.2	0.3	1.0	0.4	0.0	0.0	0.1
2012-06-24	48.2	15.0	38.4	43.9	23.2	4.7	14.9	17.1	6.4	5.4	2.1	4.9	4.2
2012-06-25	22.4	6.3	15.9	—	13.8	4.1	6.5	12.3	—	2.5	0.4	0.8	1.6
2012-07-08	15.1	9.0	10.6	8.3	5.3	1.7	2.6	2.3	0.7	0.6	0.0	0.2	0.3
2012-07-10	7.0	0.3	14.0	4.4	4.2	3.7	4.3	3.1	1.0	1.7	0.3	0.4	0.8
2012-07-27	48.9	4.5	51.8	40.1	34.5	8.5	4.1	27.5	12.6	20.0	8.0	—	10.4
2012-07-31	68.7	44.3	15.5	6.3	1.8	0.5	1.2	9.8	0.3	0.1	0.0	0.0	0.7
2013-07-01	50.2	6.0	61.1	40.9	39.3	29.0	27.6	24.0	17.3	25.4	16.9	12.0	11.9
2014-08-22	9.5	0.4	18.9	8.5	7.2	4.5	5.0	7.0	2.1	4.0	0.4	0.4	6.9

注:"—"表示无样品。

2.2.2 径流量

每个小区的产流出水口处由一个底面直径和高均 60 cm 的圆柱体分水箱连接，在距离桶底 40 cm 处有 7 个大小相同平行于地面等距排列的分流孔，中间一个分流孔连接集流桶。集流桶为底面直径和高均 90 cm 的圆柱形桶(见图 2-2)。每次降雨产流之后，用三点法测量分水箱中的水深，如有分流出现，还需测量集流桶中的水深，三点平均求出分流桶中的平均水深 m、集流桶中的平均水深 n，通过式(2-1)即可求得每个小区次降雨后的径流量：

$$W = \pi \times 30 \times 30 \times m + 7 \times \pi \times 45 \times 45 \times n \tag{2-1}$$

式中 W——次降雨的总径流量，cm^3；

m——分流桶的平均水深，cm；

n——集流桶的平均水深，cm。

2.2.3 泥沙量

在每次降雨之后，当分流桶或集流桶中的产流深度超过 10 cm 时，用取样器取出一定量的泥沙水样置于小桶中，然后用舀子均匀取出泥水样装满 1 000 mL 广口瓶，取 2 瓶作为重复；当产流深度小于 10 cm 时，直接用舀子将桶中泥水搅匀后，再取出泥水样装满 1 000 mL 的广口瓶，取 2 瓶作为重复。将取出的泥沙水样在实验室中静置 1 d，待泥沙沉淀后，将上层清水倒掉，下层沉淀泥水转移至铝制饭盒中，并将饭盒放入烘箱 105 ℃烘干，烘至恒重后(一般 24 h)取出，称重，得到每瓶泥沙水样中的泥沙重。利用所测得的泥沙重和广口瓶体积可求得分流桶和集流桶中的含沙量；结合该小区径流量即可得到次降雨总侵蚀泥沙量和侵蚀模数。

$$A = \frac{\omega_f}{10^3} \times W_f + \frac{\omega_j}{10^3} \times W_j \tag{2-2}$$

$$W_j = 7 \times \pi \times 40 \times 40 \times n \tag{2-3}$$

$$M = \frac{A}{20 \times 2.1 \times 100} \tag{2-4}$$

式中 A——次降雨总产沙量，g；

$\omega_f/10^3$——分流桶中的含沙量，g/cm^3；

W_f——分流桶中的总径流量，cm^3；

$\omega_j/10^3$——集流桶中的含沙量，g/cm^3；

W_j——集流桶中的总径流量，cm^3；

M——次降雨的侵蚀模数，t/hm^2。

2.3 采样方法

本书涉及的试验样品有小区土壤样品和径流泥沙样品。

2.3.1　土壤样品采集与处理

分别于 2012 年 7 月和 2014 年 8 月，用小铁铲在 5 个径流小区的坡面上、中、下 3 个位置各采集 1 个 0~10 cm 表层土壤样品（见图 2-4），剥去土块外面直接与土铲接触而变形的土壤，均匀地取内部 1~2 kg 土壤放在底面积约为 100 cm^2 的带盖塑料盒或铁盒内带回室内风干，待稍阴干时即将土壤沿自然结构面轻轻地掰成直径约 1 cm 的小土块，除去粗根和小石块，完全风干后备用。

图 2-4　土壤样品的采集

2.3.2　泥沙样品采集与处理

2012—2014 年，在每次降雨产流产沙之后，采集泥沙水样。当分流桶或集流桶中的产流深度超过 10 cm 时，用取样器取出一定量的泥沙水样置于小桶中，然后用舀子均匀取出泥水样装满 1 000 mL 广口瓶；当产流深度小于 10 cm 时，直接用舀子将桶中泥水搅匀后，再取出泥水样装满 1 000 mL 的广口瓶。取样的多少取决于产沙量的多少，一般情况下，每个泥沙样品需要取 1~3 瓶。机械组成和团聚体粒径大小的测定分析所需的泥沙样品均各自采集 2 个作为重复（见图 2-5）。

用于机械组成分析的泥沙样品，带回房山基地实验室，首先将其直接转移至铁质或塑料盒（见图 2-6），待沉淀后吸走上清液，风干后装入自封袋，带回北京师范大学地理学与遥感科学学院实验室，按照标准吸管法的试验步骤分散后进行机械组成分析；用于团聚体分析的泥沙样品，带回房山基地实验室，用 Yoder 湿筛法立即进行大团聚体（>0. 25 mm）的粒径分布测定，并将大团聚体粒径大小测定之后剩余的包含微团聚体（<0. 25 mm）的泥水样一同转移至已编号的塑料桶（见图 2-7），待沉淀后弃去上清液，剩余泥水样风干后装入自封袋，将其带回北京师范大学地理学与遥感科学学院实验室，用吸管法在未分散条件下进行微团聚体粒径分布的测定。

图 2-5　泥沙样品的采集

图 2-6　泥沙机械组成样品

由于泥沙中各级团聚体的机械组成分析需要较大泥沙样本量,需选择产沙量大的降雨事件。因此,此样品分别于 2013 年 7 月 1 日和 2014 年 8 月 22 日 2 次降雨的侵蚀泥沙中采集。此样品的处理方法是:用一套直径为 20 cm,孔径分别为 5 mm、2 mm、1 mm、0.5 mm、0.25 mm、0.1 mm、0.05 mm 的套筛直接在分流桶里筛分径流泥沙水样,将留在每个筛子上的颗粒物收集至铁盒或塑料盒中,直至所获得的各级团聚体的质量足够用吸管法进行机械组成分析,待所需要的各级团聚体样品收集足够之后,带回实验室将其风干后,装袋编号即可带回北京师范大学地理学与遥感科学院物理实验室进行各级团聚体的机械组成的测定。

图 2-7　泥沙微团聚体样品

2.4　室内试验方法

2.4.1　机械组成分析

2.4.1.1　粒径分级

本书对土壤颗粒粒径的分级划分采用美国制标准，如表 2-3 所示。

表 2-3　单粒粒径分级

粒级/mm	粒级名称	
<0.002	黏粒	
0.002~0.02	粉粒	细粉粒
0.02~0.05		粗粉粒
0.05~0.1	砂粒	极细砂粒
0.1~0.25		细砂粒
0.25~0.5		中砂粒
0.5~1		粗砂粒
1~2		极粗砂粒
>2	石砾	

2.4.1.2　试验方法

试验采用吸管法（Day，1965）作为土壤和泥沙的机械组成分析方法。整体上，机械组成分析包括颗粒的分散处理、粗土粒筛分和细土粒在静水中沉降分级 3 个过程。其中,紫色土、黄土在分散处理前需用稀 HCl 除 Ca^{2+};褐土、黑土在分散处理前需用 H_2O_2 除有机质。

在分散处理过程中,不同土壤选择不同的分散剂:红壤和黑土以 NaOH 为分散剂;紫色土、黄土、褐土均以六偏磷酸钠为分散剂。

对 >0. 1mm 的土粒进行筛分,<0. 1 mm 的土粒依据司笃克斯定律进行沉降分离。

2. 4. 2　团聚体粒径分布测定

小区土壤和侵蚀泥沙的团聚体粒径分布测定采用美国农学会出版的试验手册 *Methods of Soil Analysis*, *Part* Ⅰ中所描述的团聚体分析步骤进行操作(Nimmo et al. ,2002;Kemper, 1965,Kemper et al. ,1965),即湿筛-吸管法:>0. 1 mm 的团聚体使用改进后的 Yoder 湿筛法(Yoder,1936),<0. 1 mm 的团聚体采用与机械组成分析相同的吸管法测定(Day, 1965)。

2. 4. 2. 1　粒径分级

本书对团聚体粒径的划分采用 Edwards 等(1967)和 Oades 等(1991)提出的团聚体分级概念,并结合美国制土壤颗粒粒径分级标准,根据研究的目的,与单粒的粒径划分相对应,将团聚体作如下粒级划分和命名(见表 2-4)。

表 2-4　团聚体粒径分级

粒级/mm	粒级名称		英文名称
<0. 002	微团聚体	黏团	clay-sized aggregates
0. 002~0. 02		细粉团	fine silt-sized aggregates
0. 02~0. 05		粗粉团	coarse silt-sized aggregates
0. 05~0. 1		极细砂团	very fine sand-sized aggregates
0. 1~0. 25		细砂团	fine sand-sized aggregates
0. 25~0. 5	大团聚体	中砂团	medium sand-sized aggregates
0. 5~1		粗砂团	coarse sand-sized aggregates
1~2		极粗砂团	very coarse sand-sized aggregates
2~5		细砾团	fine pebble-sized aggregates
>5		中砾团	mediumpebble-sized aggregates

注:细砾团和中砾团的命名参考 *Soil Survey Manual* (Soil Survey Division Staff,1993)。

2. 4. 2. 2　试验方法

在试验中,需要对小区原状土壤与径流侵蚀泥沙两种样品进行团聚体粒径分布的测定分析,并且使用统一的分级方案和测定方法。大团聚体(>0. 25 mm)粒径大小分布测定采用的是经过改进后的 Yoder 湿筛法,微团聚体(<0. 25 mm)粒径大小分布测定采用的是国际通用的吸管法。具体操作步骤参考美国农学会出版的土壤分析试验手册 *Methods of Soil Analysis*, *Part* Ⅰ (Black,1965)。

1. 原状土壤的团聚体粒径分布测定

(1)将风干的土壤样品混匀,四分法取 10 g 风干土样进行含水量的测定,计算出总土样的烘干重。

(2)干筛法将土样在风干状态下分级,配制团聚体分析所用样品,以保证均匀取样:四分法取一部分风干土样(一般大约 1 kg,精确至 0.01 g),将其称重后分次通过直径 20 cm,高 5 cm,孔径分别为 8 mm、5 mm、2 mm、1 mm、0.5 mm、0.25 mm 共 6 个筛子的套筛(筛子附有底和盖)。每筛一次的土样为 100~200 g,不宜过多。将大于 8 mm 的小土块沿着自然结构面轻轻掰开,使其全部通过 8 mm 筛即可。筛完后,将各级筛子上的土样及粒径 <0.25 mm 的土样称重(精确至 0.01 g),并计算各级土样占总土样重量的百分数,填写表 2-5。然后按其百分比,配制 4 份 25 g 的土样,按照干筛求得的各级百分含量计算每一级湿筛所需的土样质量,分别称取后放入相应的直径为 13 cm,高为 4 cm,孔径分别为 5 mm、2 mm、1 mm、0.5 mm、0.25 mm 共 5 个小筛子的小套筛,<0.25 mm 的样品可直接放入下一步准备湿筛土样的铁皮桶。按照此方法依次称取 4 份土样,作为 4 个平行样品(见图 2-8)。

表 2-5 土壤团聚体干筛分级记录

采样日期: 采样人: 试验时间:

土壤类型	坡面	采样盒号	风干土样号	总风干土重/g	粒级/mm	干筛		总土样重/g	湿筛	备注
						土重/g	百分比/%		土重/g	
					>5					
					2~5					
					1~2					
					0.5~1					
					0.25~0.5					
					<0.25					

(3)将空套筛分别放入 4 个铁皮桶,加蒸馏水,开动马达以调节桶内水的高度,使套筛最上面筛子的上缘部分在任何时候都不会露出水面,水位调节好后在 4 个铁皮桶上分别做好标记以便之后省去此步骤。然后将装有土样的套筛缓缓放入 4 个装有蒸馏水的铁皮桶,并固定好套筛(见图 2-9)。

(4)开动马达,使套筛在水中以上下 60 次/min 的频率振动 10 min。

(5)严格控制时间,待时间到,将套筛倾斜缓慢取出,待水稍干后,用洗瓶轻轻冲洗最上面的筛子,使留在筛子上的粒径<5 mm 的团聚体完全洗到下面的筛子中,冲洗时注意不要把团聚体冲坏,依次逐级冲洗。然后将留在各级筛子上的团聚体洗入蒸发皿中,同时记录粒级和对应编号(见图 2-10)。

图 2-8　干筛法配制湿筛土样

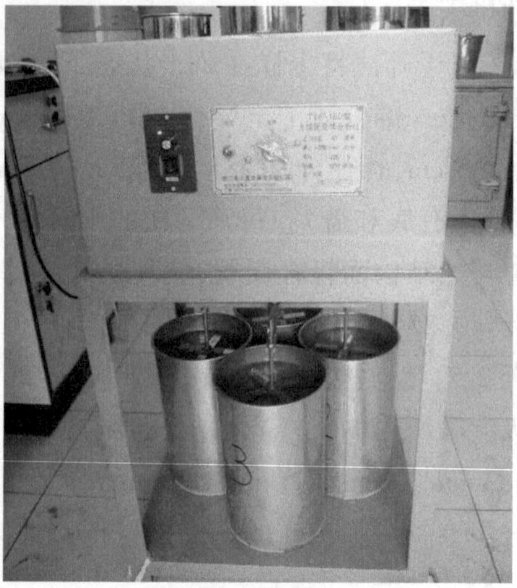

图 2-9　大团聚体湿筛

(6)待稍静置后倾倒蒸发皿中的清液,放在水浴锅或电热板上蒸干,再移至 105~110 ℃烘箱中烘至恒重,称重,准确至 0.01 g,由此得到各级团聚体与砂粒的混合物。记录并填写表 2-6。通过式(2-5)即可计算出各级大团聚体与砂粒混合物(可以近似认为是团聚体)的含量:

图 2-10　各级大团聚体转移蒸发皿

$$\%AS = \frac{100W_a}{W} \qquad (2\text{-}5)$$

式中　%AS——水稳性团聚体百分含量;

W——土样总烘干重,g;

W_a——团聚体重,g。

(7)经过上述对大团聚体的湿筛分析之后,则留在 4 个铁皮桶内的泥水样包含所有粒径<0.25 mm 的土壤微团聚体。先将此泥水样转移至对应编号的 7~8 L 的塑料桶中(见图 2-11),根据黏粒在室温下沉降一定距离所需的时间大致确定该泥水样静置的时间,以保证所有黏粒全部沉降。因此,如果在 25 ℃左右,将此泥水样放置 20~24 h 后吸出上清液到另外一个对应编号的塑料桶(见图 2-11),使留下来的泥水样不超出 1 000 mL。

表 2-6　土壤大团聚体测定结果记录

试验日期：　　　　　　　　　　　　　　　　　　　　　　　　　　　　试验人：

土样号	湿筛桶号	塑料桶号	粒级/mm									
			>5		2~5		1~2		0.5~1		0.25~0.5	
			蒸发皿号	蒸发皿+土重/g	蒸发皿号	蒸发皿+土重/g	蒸发皿号	蒸发皿+土重/g	蒸发皿号	蒸发皿+土重/g	蒸发皿号	蒸发皿+土重/g

(8)将吸出上清液后剩余的泥水样转移至 1 000 mL 量筒，并在其上放置一漏斗，漏斗上面再放一个孔径为 0.1 mm 的标准筛，使泥水样在转移至量筒之前先通过 0.1 mm 的筛子。将留在筛子上的样品冲洗到已编号的蒸发皿中，待静置后弃去上清液，在电热板上蒸干后，移至 105~110 ℃烘箱中烘至恒重，称重(准确至 0.01 g)，并记录，即测得该土样 0.1~0.25 mm 微团聚体的质量。

图 2-11　湿筛后的微团泥水样转移塑料桶

(9)留在量筒中的全部为包含粒径<0.1 mm 团聚体的泥水样，用蒸馏水定容至 1 000 mL。吸液之前测定量筒中水温，确定所吸各粒径微团聚体在一定温度下沉降 10 cm 所需的时间。用搅拌棒搅拌悬液 1 min，搅拌悬液时上下速度要均匀，一般速度为上下各 30 次(1 s 一次)。搅拌棒向下时一定要触及量筒底部，以使全部土粒都能悬浮；搅拌棒向上时，有孔片不能露出液面，否则会使空气压入悬液而致使悬液产生涡流，影响土粒沉降规律。沉降时间以搅拌结束为起始时间。用吸管分别吸取 0.05 mm、0.02 mm 和 0.002 mm 3 个粒径的悬液于对应编号的 50 mL 小烧杯中，并用蒸馏水冲洗一次吸管壁，使吸附在吸管壁上的土粒全部洗入小烧杯中。然后将小烧杯内的悬液在电热板上蒸干后(特别防止悬液溅出)，移至 105~110 ℃烘箱中烘至恒重，称重(准确至 0.000 1 g)，并记录填写表 2-7，即分别测得该土样的 <0.05 mm、<0.02 mm、<0.002 mm 微团聚体的质量。

(10)步骤(8)之后，从吸出的上清液中，用 500 mL 烧杯取出 400 mL 水样在电热板上蒸干，并放入烘箱烘干，称重，以测定吸出的上清液中 <0.002 mm 颗粒重，避免倾倒的上清液中 <0.002 mm 颗粒的损失，从而保证测定的精确性。称重精确至 0.000 1 g，同时，用量筒测量剩余上清液的体积，并记录。

表 2-7　土壤微团聚体测定结果记录

土样号	塑料桶号	量筒号	0.1~0.25 mm		吸液粒径/mm								
					<0.05			<0.02			<0.002		
			蒸发皿号	蒸发皿+土重/g	小烧杯号	烧杯重/g	烧杯+土重/g	小烧杯号	烧杯重/g	烧杯+土重/g	小烧杯号	烧杯重/g	烧杯+土重/g

(11)计算求得各级微团聚体含量：

$$W_1 = \frac{0.1\ \text{mm 筛上土粒烘干重}}{\text{土样总重}} \times 100 \tag{2-6}$$

$$W_2 = \frac{< 0.05\ \text{mm 颗粒重} - < 0.02\ \text{mm 颗粒重}}{\text{土样总重}} \times 100 \tag{2-7}$$

$$W_3 = \frac{< 0.02\ \text{mm 颗粒重} - < 0.002\ \text{mm 颗粒重}}{\text{土样总重}} \times 100 \tag{2-8}$$

$$W_4 = \frac{< 0.002\ \text{mm 颗粒重}}{\text{土样总重}} \times 100 \tag{2-9}$$

$$W_5 = 100\% - W_b - W_1 - W_2 - W_3 - W_4 \tag{2-10}$$

式中　W_1——0.1~0.25 mm 微团含量(%)；

W_2——0.02~0.05 mm 微团含量(%)；

W_3——0.002~0.02 mm 微团含量(%)；

W_4——<0.002 mm 微团含量(%)；

W_5——0.05~0.1 mm 微团含量(%)；

W_b——>0.25 mm 水稳性大团聚体总含量(%)。

2. 侵蚀泥沙的团聚体粒径分布测定

(1)直接将采集到的泥沙水样通过套筛(粒径同上)倒入装有蒸馏水的铁桶中，按照上述小区土壤的团聚体分析所用的改进后 Yoder 湿筛法进行大团聚体粒径分布的测定(方法同小区土壤)。由此，得到泥沙中各级大团聚体烘干重，填写表 2-8。

(2)经过湿筛后，将留在铁皮桶中 <0.25 mm 的泥沙水样转移至对应编号的塑料桶(见图 2-11)，沉淀 2~3 d 后，吸走上清液，待完全风干后，称重、记录、装袋，以备带回北京师范大学地理学与遥感科学学院实验室进行下一步的微团聚体分析所用。

(3)称取 <0.25 mm 的风干土样 10 g，装入铝盒用于测定含水量；另外再称取风干土样 10 g，装入 250 mL 三角瓶中，加 100 mL 蒸馏水，浸泡 24 h。

表 2-8　泥沙团聚体采样及大团聚体测定记录

采样日期：　　　　降雨量(mm)：　　　　采样人：　　　　试验时间：

土壤类型	分流/集流	采样瓶号	湿筛桶号	粒级/mm	盒号	盒+土重/g	<0.25 mm 风干样桶号	风干土样重/g	备注
				>5					
				2~5					
				1~2					
				0.5~1					
				0.25~0.5					

(4)将三角瓶放在平行往返振荡机上振荡 2 h(振荡频率为 100 次/min)。

(5)将经过振荡的样品转移至 1 000 mL 的量筒中。转移前，在 1 000 mL 量筒上放置一直径 12 cm 左右的漏斗，漏斗上面再放一直径为 10 cm、孔径为 0.1 mm 的标准筛，将处理好的样品全部过筛，用蒸馏水冲洗标准筛，确认直径 <0.1 mm 的土壤颗粒全部转移到量筒中。特别注意：冲洗到量筒的水量不能超过 1 000 mL，然后加蒸馏水到量筒中定容至 1 000 mL 备用。

(6)以下步骤与土壤微团聚体分析相同，测定结果填写于表 2-9 中。

表 2-9　泥沙微团聚体测定结果记录

风干土样编号	土样质量/g	含水量/%	三角瓶号	量筒号	0.1~0.25 mm		吸液粒径/mm					
							<0.05		<0.02		<0.002	
					蒸发皿号	蒸发皿+土重/g	烧杯号	烧杯+土重/g	烧杯号	烧杯+土重/g	烧杯号	烧杯+土重/g

2.5　技术路线

该研究是在北京市房山区北京师范大学地表过程与资源生态国家重点实验室的我国 5 种典型土壤标准径流小区上开展的，采用的技术路线如图 2-12 所示。

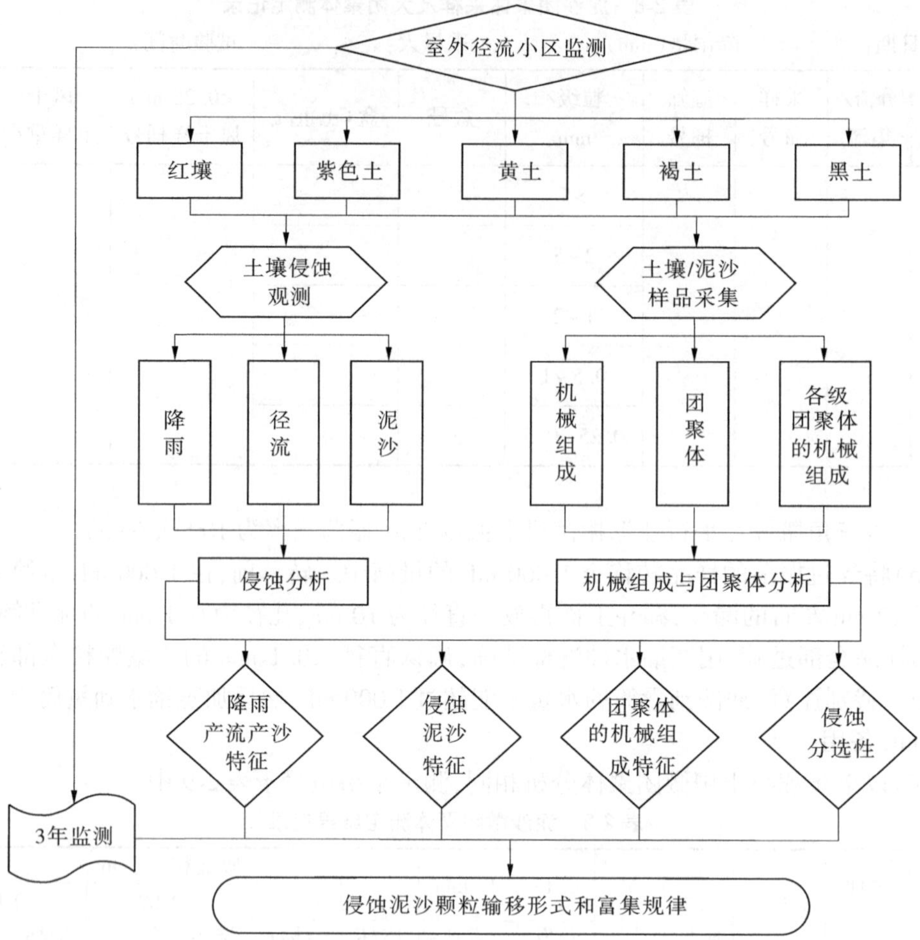

图 2-12　技术路线

在天然降雨条件下，对 5 种典型土壤的径流小区进行降雨、径流和泥沙等土壤侵蚀过程的观测。同时，采集小区原状土壤样品和次降雨的径流泥沙样品，分别测定其机械组成和团聚体大小分布，并对泥沙各级团聚体的机械组成进行进一步测定。其中，土壤样品分别采自 2012 年 8 月 7 日和 2014 年 8 月 30 日，经风干后用于土壤的机械组成和团聚体大小分布的测定；泥沙样品采自每次降雨径流产沙，本书选取 3 年监测试验中的 9 次降雨径流泥沙样品，经风干后，其中一份样品用于测定每次降雨侵蚀泥沙的机械组成，另一份样品立即带回实验室通过湿筛法进行团聚体大小分布的测定。此外，有关泥沙各级团聚体的机械组成样品，由于泥沙量的需求大，在天然降雨条件下相对较难获得，所以本书选择产沙量较多的 2 次降雨，分别为 2013 年 7 月 1 日和 2014 年 8 月 22 日，将其侵蚀泥沙通过所需粒径的套筛，反复湿筛，直到获得足够的样品，将获得的各级团聚体样品风干，用吸管法对其进行机械组成的测定。最终，通过以上侵蚀分析和机械组成与团聚体分析，研究了降雨产流产沙特征、侵蚀泥沙特征、各级团聚体的机械组成特征、侵蚀分选性等 4 个方面的内容，经过为期 3 年的室外监测和室内试验，最终获得我国 5 种典型土壤的侵蚀特征，包括产流产沙特征、侵蚀泥沙颗粒的运移形式、大小分布规律以及分选特征等。本书对土壤可蚀性指标的选取、土壤侵蚀预报和泥沙输移模型的构建,以及营养污染物质的迁移规律等研究均具有重要意义。

第 3 章　降雨和产流产沙特征

3.1　降雨与产流特征

描述降雨特征的指标有很多,最常用的有降雨量、平均雨强、最大 30 min 雨强(I_{30})和降雨侵蚀力(EI_{30})。从这些降雨特征指标与径流深的相关分析可以知道(见表 3-1),I_{30} 和 EI_{30} 与 5 种土壤小区的径流深相关性最大,均达到了 0.01 或 0.05 水平上的显著相关。因此,本书选取 I_{30} 作为降雨特征参数,分析了 9 次不同的降雨条件下 5 种土壤小区的径流深变化(见图 3-1)。9 次天然降雨的 I_{30} 和 5 种土壤小区的径流深如表 2-2 所示。

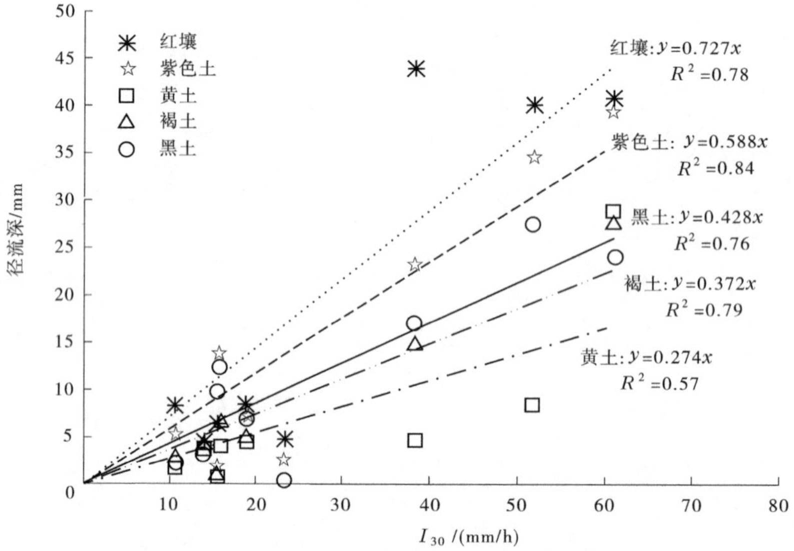

图 3-1　最大 30 min 雨强(I_{30})与 5 种土壤径流深之间的关系

对每一种土壤而言,径流深和 I_{30} 之间均可以拟合出线性回归模型。然而,这种拟合模型方程中的负截距不存在统计学上的显著性,往往会使估算的径流和泥沙等参数发生错误(Nearing et al. ,2007)。因此,将拟合的回归直线强制通过原点(0,0),使其方程的截距为 0,由此得到如图 3-1 所示的结果。5 种土壤小区的径流深均与 I_{30} 呈显著的正相关关系,显著水平 <0.01,且模型的决定系数从 0.57 提高到 0.84。根据图 3-1 所示的回归方程斜率大小变化可知,红壤的径流深随着 I_{30} 的增大增加最快,其次,依次是紫色土、黑土、褐土、黄土。

表 3-1 降雨特征参数与 5 种土壤径流深之间的相关性

	降雨量/mm		平均雨强/(mm/h)		I_{30}/(mm/h)		EI_{30}/[MJ·mm/(hm^2·h)]		径流深/mm									
									红壤		紫色土		黄土		褐土		黑土	
	r	Sig.	*r*	Sig.	*r*	Sig.	*r*	Sig.	*r*	Sig.	*r*	Sig.	*r*	Sig.	*r*	Sig.	*r*	Sig.
降雨量/mm	1		-0.54	0.13	0.54	0.13	0.64	0.06	0.55	0.16	0.47	0.21	0.31	0.42	0.39	0.34	0.65	0.06
平均雨强/(mm/h)	-0.54	0.13	1		-0.02	0.95	-0.12	0.76	-0.23	0.59	-0.07	0.86	0.08	0.84	-0.05	0.91	-0.13	0.74
I_{30}/(mm/h)	0.54	0.13	-0.02	0.95	1		0.98**	0	0.90**	0	0.95**	0	0.81**	0.01	0.94**	0	0.87**	0
EI_{30}/[MJ·mm/(hm^2·h)]	0.64	0.06	-0.12	0.76	0.98**	0	1		0.91**	0	0.95**	0	0.78*	0.01	0.94**	0	0.92**	0
R-R/mm	0.55	0.16	-0.23	0.59	0.90**	0	0.91**	0	1		0.94**	0	0.64	0.09	0.90**	0.01	0.91**	0
R-P/mm	0.47	0.21	-0.07	0.86	0.95**	0	0.95**	0	0.94**	0	1		0.81**	0.01	0.99**	0	0.94**	0
R-L/mm	0.31	0.42	0.08	0.84	0.81**	0.01	0.78*	0.01	0.64	0.09	0.81**	0.01	1		0.93**	0	0.67*	0.05
R-C/mm	0.39	0.34	-0.05	0.91	0.91**	0	0.94**	0	0.90**	0.01	0.99**	0	0.93**	0	1		0.91**	0
R-B/mm	0.65	0.06	-0.13	0.74	0.87**	0	0.92**	0	0.91**	0	0.94**	0	0.67*	0.05	0.91**	0	1	

注:1. ** 表示在 0.01 水平上显著相关。

2. *表示在 0.05 水平上显著相关。

3. R-R 表示红壤的径流深;R-P 表示紫色土的径流深;R-L 表示黄土的径流深;R-C 表示褐土的径流深;R-B 表示黑土的径流深。

4. *r* 表示相关系数,Sig. 表示显著性值。

在这 5 种土壤中,红壤的砂粒含量最高(45.0%),而黏粒含量居中(25.9%),加之其主要黏土矿物是非膨胀性的高岭石(见表 2-1),因此红壤的结构较差导致其入渗能力减弱,同时,并不算太低的黏粒含量也会增加结皮的形成机会,从而使其产流最多。Ben-Hur 等(1985)和 Mamedov 等(2001)指出黏粒含量约 20% 的土壤,其团聚体最容易破碎并使黏粒等细小颗粒堵塞土壤孔隙,从而造成这种质地的土壤出现最小的入渗率和最大的径流深。紫色土和黑土的质地均属于粉黏壤土,黏粒含量是 5 种土壤中最高的,分别为 36.2% 和 38.7%。当黏粒含量较低时,黏粒的数量不足以堵塞土壤孔隙;但是,当黏粒含量增加超过 30%时,土壤团聚体的稳定性会随之增加,从而有更强的能力抵抗由降雨引起的团聚体崩解与溅蚀。因此,紫色土和黑土的团粒结构较发育且稳定,从而使得紫色土和黑土的入渗能力比红壤强,因此它们的径流深小于红壤。但是,紫色土和黑土之间的产流多少仍存在差异。在相同的雨强条件下,黑土小区的径流深小于紫色土小区,主要是因为黑土的有机质含量非常高,达到 5.4%,而紫色土仅 0.64%,黑土的有机质含量是紫色土的 8 倍之多。与黏粒相似,土壤有机质也会通过对团聚体稳定性和结皮的作用而影响水分的运移。土壤有机质含量与团聚体稳定性具有正相关关系(Tisdall et al.,1982)。土壤中的有机质越多,其团聚体就会越稳定,土壤孔隙就越不容易被小颗粒堵塞,由此,大部分降雨会向下移动发生入渗而不容易产生径流。同时,黑土的黏土矿物主要是膨胀性的蒙脱石,而紫色土的主要黏土矿物则是非膨胀性的高岭石。因此,在本书中,黑土由于具有较高的有机质含量(5.4%)和蒙脱石的存在,其具有较高的入渗能力,并产生较紫色土少的径流。黄土和褐土均为粉壤土,质地均一,单粒组成以黏粒(<0.002 mm)、粉粒(0.002~0.05 mm)和极细砂粒(0.05~0.1 mm)为主,其中又以粗粉粒(0.02~0.05 mm)含量最多。由于粗粉粒的性质与粒径较小的砂粒相近,其透水通气能力低于粗砂粒而高于细粉粒和黏粒,有比较明显的黏着性和一定的可塑性。根据熊毅等(1987)的调查试验等研究,黄土和褐土的结构疏松多孔,总孔隙率在 50% 左右,以毛管孔隙为主,在 40% 左右。因此,它们的降雨入渗很快且储水能力较其他 3 种土壤强,从而使其小区的径流深最小。

5 种土壤小区的径流深随着 I_{30} 的增大出现以上不同的增加趋势,可以表明,不同土壤类型对降雨过程的水力响应不同,尤其在 I_{30} 较大时,这种水力响应更为明显。这可能是因为土壤质地和有机质含量对土壤结构的影响,进而对入渗和径流产生影响(Wakindiki et al.,2002;Barthès et al.,2002)。随着 I_{30} 的增大,团聚体的破碎会越发剧烈,结皮也会越快形成,从而导致不同土壤产流的差异更大。在降雨侵蚀的过程中,本书的 5 种土壤小区径流深随 I_{30} 的变化表现出如下规律:以红壤为代表的黏壤土产流最多,其次是以粉黏壤土为代表的紫色土和黑土,且紫色土的产流比黑土多,产流最少的是以粉壤土为代表的褐土和黄土。由此可以断定,土壤侵蚀产流规律与土壤质地、结构、有机质含量以及土壤孔隙等性质存在密切的关系,但是,由于本研究的局限性,有些土壤性质没有进行测定,无法得知哪些土壤性质对侵蚀产流特征起着直接的和决定性的作用。通过以上简单分析可以推测,土壤单粒和团粒组成、有机质含量、孔隙度,以及黏土矿物种类等土壤性质可能对土壤侵蚀产流的影响最为直接和突出。

3.2　降雨与产沙特征

5 种土壤小区在 9 次天然降雨条件下的产沙特征如表 2-2 所示。将 5 种土壤小区的侵蚀模数与主要降雨特征参数(如降雨量、平均雨强、I_{30}、EI_{30})进行 Pearson 相关分析(见表 3-2)。从表 2-11 中可以明显看到,最大 30 min 雨强(I_{30})和降雨侵蚀力(EI_{30})均与 5 种土壤的侵蚀模数在 0.01 或 0.05 的水平上呈显著相关。因此,本书选择 I_{30} 作为描述降雨特征的指标,分析其与 5 种土壤侵蚀模数的相关关系。图 3-2 所示是 9 次天然降雨条件下 5 种土壤小区的侵蚀模数随 I_{30} 的变化规律,将获得的拟合直线通过原点(0,0),并对其线性拟合方程进行截距归零处理,得到 5 种土壤的侵蚀模数与 I_{30} 的线性拟合方程。

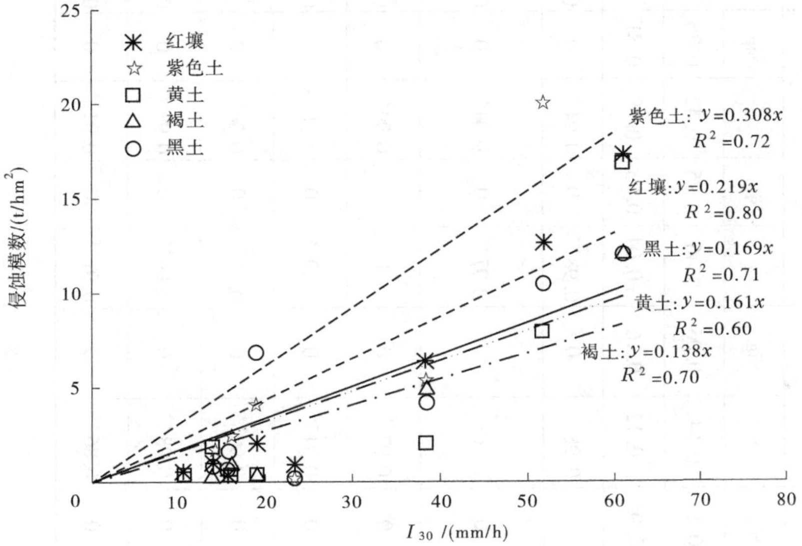

图 3-2　最大 30 min 雨强(I_{30})与 5 种土壤侵蚀模数之间的关系

由图 3-2 可知,5 种土壤的侵蚀模数与 I_{30} 均表现出显著的正相关关系,线性回归模型的决定系数从 0.6 到 0.8,且随着 I_{30} 的增大,5 种土壤的侵蚀模数由大到小依次是:紫色土 > 红壤 >黑土 > 黄土 > 褐土。

土壤侵蚀是产流的函数(Stoltenberg et al. ,1953;Le Bissonnais et al. ,1993),一般而言,产流随降雨的变化规律与产沙随降雨的变化规律应该一致,但是,本书中 5 种土壤小区的侵蚀模数随 I_{30} 的变化与径流深随 I_{30} 的变化略有不同。紫色土的土壤流失量是最大的,而非红壤;黑土的土壤流失量仍然居中;褐土的土壤流失量最小,而非黄土。出现该结果首先可能与红壤的砂粒含量高有关(见表 2-1),相对于紫色土在侵蚀过程中团聚体破碎形成的小团粒和单粒而言,这些粒径较粗的砂粒可能更加难以被搬运,除非径流量足够大。正是由于这些粗石英颗粒的存在使径流能量受到限制,从而使水流没有足够的能量输移较粗的颗粒(Parsons et al. ,1991)。紫色土和黑土同属于一种质地,但是紫色土的产

表 3-2　降雨特征参数与 5 种土壤侵蚀模数之间的相关性

	降雨量/mm		平均雨强/(mm/h)		I_{30}/(mm/h)		EI_{30}/[MJ · mm/(hm^2 · h)]		侵蚀模数/(t/hm^2)									
									红壤		紫色土		黄土		褐土		黑土	
	r	Sig.	r	Sig.	r	Sig.	r	Sig.	r	Sig.	r	Sig.	r	Sig.	r	Sig.	r	Sig.
降雨量/mm	1		-0.54	0.13	0.54	0.13	0.64	0.06	0.46	0.25	0.42	0.26	0.44	0.24	0.45	0.26	0.34	0.37
平均雨强/(mm/h)	-0.54	0.13	1		-0.02	0.95	-0.12	0.76	-0.04	0.93	0.09	0.81	0.01	0.98	-0.10	0.81	0.27	0.49
I_{30}/(mm/h)	0.54	0.13	-0.02	0.95	1		0.98**	0	0.98**	0	0.94**	0	0.91**	0	0.97**	0	0.88**	0
EI_{30}/[(MJ · mm/(hm^2 · h)]	0.64	0.06	-0.12	0.76	0.98**	0	1		0.97**	0	0.94**	0	0.90**	0	0.98**	0	0.86**	0
S-R	0.46	0.25	-0.04	0.93	0.98**	0	0.97**	0	1		0.99**	0	0.96**	0	0.99**	0	0.91**	0
S-P	0.42	0.26	0.09	0.81	0.94**	0	0.94**	0	0.99**	0	1		0.96**	0	0.97**	0	0.94**	0
S-L	0.44	0.24	0.01	0.98	0.91**	0	0.90**	0	0.96**	0	0.96**	0	1		0.96**	0	0.86**	00
S-C	0.45	0.26	-0.10	0.81	0.97**	0	0.98**	0	0.99**	0	0.97**	0	0.96**	0	1		0.85**	0.01
S-B	0.34	0.37	0.27	0.49	0.88**	0	0.86**	0	0.91**	0	0.94**	0	0.86**	0	0.85**	0.01	1	

注:1. * * 表示在 0.01 水平上显著相关。

2. * 表示在 0.05 水平上显著相关。

3. S-R 表示红壤的侵蚀模数;S-P 表示紫色土的侵蚀模数;S-L 表示黄土的侵蚀模数;S-C 表示褐土的侵蚀模数;S-B 表示黑土的侵蚀模数。

沙量比黑土多很多,这主要是因为黑土的有机质含量远远高于紫色土(见表 2-1),从而使黑土的团聚体更稳定,在径流能量一定的条件下,紫色土的团聚体不稳定,容易破碎成细小的颗粒而被搬运,而黑土的团聚体更稳定,则不容易被搬运。从能量的角度,径流首先搬运细小颗粒,所以导致紫色土的产沙量比黑土多。由此可知,有机质对团聚体的稳定作用不容忽视。很多学者对有机质与团聚体稳定性之间的关系研究发现,随着有机质含量的增加,团聚体的稳定性也随之增强(Kemper et al. ,1966;Chaney et al. ,1984;Baldock et al. ,1987)。黄土和褐土也同属于粉壤土质地,它们的黏粒含量是 5 种土壤中最少的,分别为 13. 2%和 18. 2%,因此它们的团聚结构较其他 3 种土壤差,并且由于黏粒含量少而不容易在侵蚀过程中堵塞土壤孔隙造成产流增多,从这两个层面上也可以分析出黄土和褐土的产流产沙是 5 种土壤中最少的。但是,根据其他学者的研究,这两种土壤,尤其是黄土,还具有一些特殊的土壤性质,例如其孔隙相当发育(熊毅 等,1987),由此造成黄土很容易使水分入渗而不容易产流,然而,由于褐土的有机质含量高于黄土(见表 2-1),因此褐土的团聚体比黄土更稳定,最终导致褐土的产沙量少于黄土。总之,土壤性质,尤其是质地和有机质含量是引起不同土壤侵蚀产沙量不同的主要因素,土壤孔隙度对产流产沙的影响也不容忽视。

3.3　小　结

本章分别对主要的降雨特征参数与 5 种土壤小区的径流深和侵蚀模数进行相关分析,选取与产流产沙关系最好的代表降雨特征的指标 I_{30},分析 5 种土壤的径流深和侵蚀模数分别随降雨的变化规律,主要得到以下结论:

(1)I_{30} 和 EI_{30} 最能代表降雨特征,与径流深和侵蚀模数的相关关系最显著,表明土壤侵蚀主要由相对大雨强的降雨过程控制,而非整个降雨过程。

(2)I_{30} 与 5 种土壤的径流深和侵蚀模数均呈显著正相关关系。随着 I_{30} 的增大,5 种土壤的径流深依次是:红壤 > 紫色土 >黑土 > 褐土 > 黄土;侵蚀模数依次是:紫色土 > 红壤 > 黑土 > 黄土 > 褐土。

(3)土壤质地、结构、有机质含量和孔隙度对侵蚀产流产沙的影响较大。

第4章　侵蚀泥沙颗粒特征

4.1　侵蚀泥沙颗粒粗细特征

需要指出的是，在本书中所出现的“未分散颗粒”一词的说法，准确地说，是指单粒和团聚体（团粒）的混合物质。在目前测定团聚体大小分布的方法中，如 Yoder 湿筛法和美国农学会土壤分析手册上所提到的方法等，所获得的各级团聚体其实正是由单粒和真正的团聚体共同组成的，也就是所谓的“未分散颗粒”，而并非真正的团聚体，截至目前，仍然没有任何一种方法可以得到真正的团聚体。因此，在本书中，认为“未分散颗粒”和“团聚体”是近似相等的概念，同时，在本章中，为了便于理解，采用“未分散颗粒”一词代替“团聚体”，并且为了与之相对应，采用“分散颗粒”一词代替“单粒”（郝燕芳 等，2020）。

本书采用 Kemper 等（1986）计算的平均加权质量粒径（MWD）来描述土壤和泥沙颗粒大小。

$$\mathrm{MWD} = \sum_{i=1}^{n} \bar{x}_i w_i \tag{4-1}$$

式中　MWD——平均加权质量粒径，mm；

$\bar{x}_i$——第 i 个粒级的平均直径，mm；

w_i——第 i 个粒级水稳性团聚体的含量（%）；

i——表 2-3 和表 2-4 中提到的粒级；

n——总粒级个数。

MWD 越大，表示颗粒粒径越粗；反之，MWD 越小，表示颗粒粒径越细。

通过计算 5 种土壤侵蚀泥沙颗粒在未分散和分散条件下的 MWD，分析其侵蚀泥沙的粗细与土壤质地、降雨特征等的关系。图 4-1 所示的是 5 种土壤在 9 场降雨中，侵蚀泥沙未分散颗粒和分散颗粒的 MWD。在某些降雨事件中，个别土壤小区的径流泥沙样品量不足以进行单粒和团粒的粒径分析。尽管缺少了这些数据，但是，无论对于哪种土壤，其侵蚀泥沙未分散颗粒的平均大小仍然均大于分散颗粒。由此可以表明，在土壤侵蚀过程中，一部分泥沙是以团聚体的形式被侵蚀的。

侵蚀泥沙 MWD 的计算，反映了分散前后泥沙颗粒的平均大小（见图 4-1），对比 5 种土壤侵蚀泥沙的大小，黄土侵蚀泥沙未分散颗粒的 MWD（$\mathrm{MWD_{un}}$）是最小的，平均值为 0.06，且根据配对样本 T 检验，黄土的 $\mathrm{MWD_{un}}$ 分别与褐土和紫色土的 $\mathrm{MWD_{un}}$ 之间均无显著差异；红壤的 $\mathrm{MWD_{un}}$ 是最大的，均值为 0.25；黑土的 $\mathrm{MWD_{un}}$ 则大于黄土、褐土和紫色土，而小于红壤，平均 $\mathrm{MWD_{un}}$ 为 0.18，且根据配对样本 T 检验，黑土与黄土、褐土和紫色土的 $\mathrm{MWD_{un}}$ 均存在显著差异，然而，黑土与红壤的 $\mathrm{MWD_{un}}$ 并没有显著差异［见图 4-1（a）］。众所周知，未分散的颗粒是由团聚体和将团聚体分散后得到的单粒共同构成的（Meyer et al.，1980；Baldock et al.，1987）。所以，将团聚体分散以后，各种土壤侵蚀泥沙颗粒明显变小［见图 4-1（b）］。分散前侵蚀泥沙最粗的红壤，其分散颗粒的 MWD

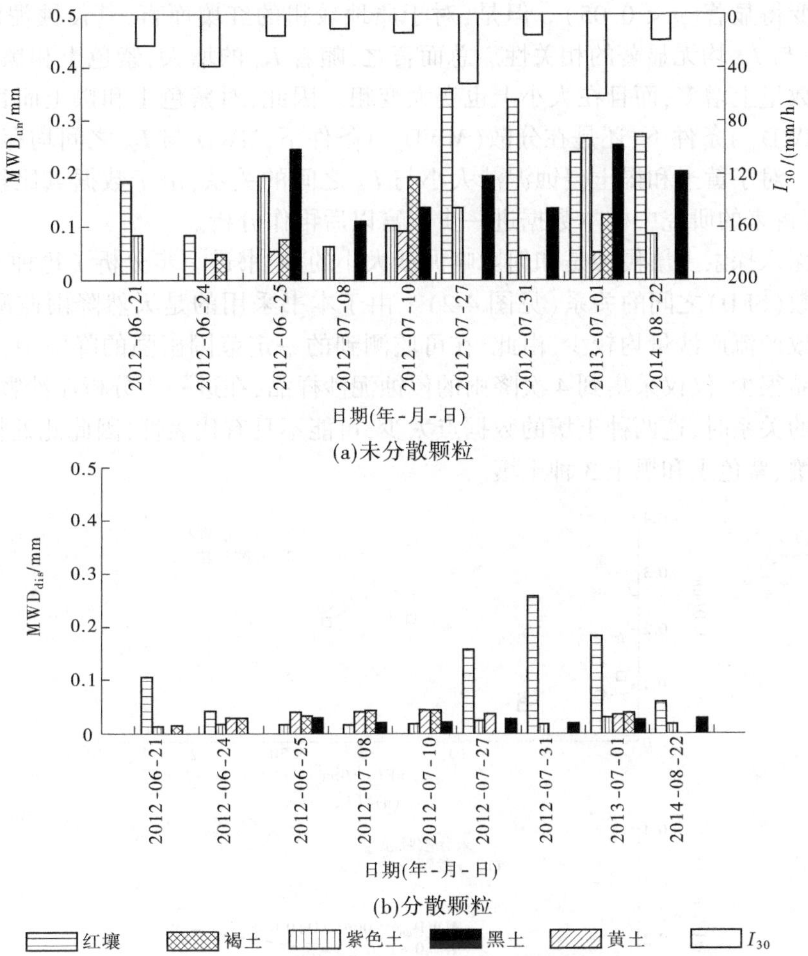

图 4-1 5 种土壤 9 次降雨侵蚀泥沙未分散颗粒和分散颗粒的 MWD

(MWD_{un}:未分散颗粒的平均加权质量粒径;MWD_{dis}:分散颗粒的平均加权质量粒径)

(MWD_{dis})同样显著地大于其他 4 种土壤($p< 0.01$ 或 $p< 0.05$),且红壤、黄土、褐土、黑土和紫色土的 MWD_{dis} 平均值分别为 0.161、0.037、0.034、0.026 和 0.023,然而,由配对样本 T 检验可知,紫色土和黑土之间,以及黄土和褐土之间的 MWD_{dis} 并无显著差异[见图 4-1(b)]。

图 4-1 同时也揭示了侵蚀泥沙大小与 I_{30} 之间的关系。对于紫色土和黑土这样质地较细的土壤而言(见表 2-1),从整体上看,其 MWD_{un} 和 MWD_{dis} 均随着 I_{30} 的增大而增大。紫色土侵蚀泥沙的 MWD_{un} 和 MWD_{dis} 与 I_{30} 的相关系数分别为 0.716 和 0.907,且分别在 0.05 和 0.01 的水平上显著相关;黑土的 MWD_{dis} 与 I_{30} 显著相关($p < 0.05$),然而 MWD_{un} 并无显著相关性,这主要是 2012 年 6 月 25 日降雨使紫色土和黑土的侵蚀泥沙颗粒较粗而导致的。这次降雨的 I_{30} 只有 15.9 mm/h,远低于本次研究的最大 I_{30}(见表 2-2),但是,其产生的泥沙颗粒粗细却仅次于 I_{30} 最大时所产生的,如紫色土和黑土在此次降雨中所产生的侵蚀泥沙 MWD_{un} 分别为 0.196 和 0.245[见图 4-1(a)]。如果将此次降雨数据删除,紫色土的 MWD_{un} 与 I_{30} 的相关系数会增加到 0.893($p < 0.01$);而黑土的 MWD_{un} 与 I_{30} 的

相关性会变得显著($p < 0.05$)。但是,对于质地较粗的红壤而言,其侵蚀泥沙的 MWD_{un} 和 MWD_{dis} 与 I_{30} 均无显著的相关性。总而言之,随着 I_{30} 的增大,紫色土和黑土的侵蚀泥沙不仅在数量上增多,而且在大小上也变大变粗。因此,对紫色土和黑土而言,无论是在未分散(MWD_{un})条件下,还是在分散(MWD_{dis})条件下,MWD 与 I_{30} 之间均存在显著的正相关关系。对于黄土和褐土侵蚀泥沙大小与 I_{30} 之间的关系,由于数据点比较少,此处不作讨论,待将来的研究中样本数据进一步丰富以后再作分析。

为了深入探索土壤侵蚀是如何影响泥沙大小的,本书进一步分析了每种土壤的 MWD 与侵蚀模数(SED)之间的关系(见图 4-2)。由于本书采用的是天然降雨监测,黄土和褐土性质导致产流产沙量均较少,由此,在可监测到的一定范围雨强的降雨中,该两种土壤的泥沙样品很少,仅仅采集到 4 次降雨的侵蚀泥沙样品,在进一步分析泥沙颗粒的粗细与侵蚀模数的关系时,这两种土壤的数据点太少,可能不具有代表性,因此此处将其省略,只分析了红壤、紫色土和黑土 3 种土壤。

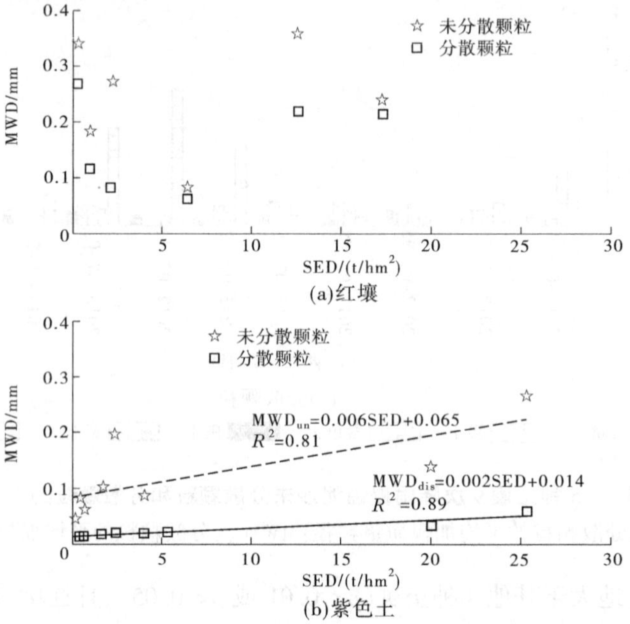

图 4-2　侵蚀泥沙 MWD_{un} 和 MWD_{dis} 分别与侵蚀模数的关系

(MWD_{un}:未分散颗粒平均加权质量粒径;MWD_{dis}:分散颗粒平均加权质量粒径;SED:侵蚀模数)

随着侵蚀模数的增大,红壤侵蚀泥沙的未分散颗粒和分散颗粒 MWD 与其侵蚀模数之间均无明显的相关关系[见图 4-2(a)];然而,对于两种细质地的紫色土和黑土来说,其侵蚀泥沙 MWD_{un} 和 MWD_{dis} 均与侵蚀模数呈显著的正相关关系[见图 4-2(b)、(c)]。无论是紫色土还是黑土,在侵蚀模数相对较低时,所产生的泥沙 MWD_{un} 却格外偏大。这些异常点正是出现在 2012 年 6 月 25 日的降雨,由此推断,出现这种异常情况可能与前一天(24 日)降雨量为 48.2 mm 的降雨有关。前期降雨使土壤的初始含水量增加,从而降低了土壤的抗剪切能力和团聚体的稳定性,由此导致土壤团聚体的分离破碎程度加剧(Cousen et al.,1984;Caron et al.,1992;Le Bissonnais et al.,1995)。因此,侵蚀模数和 MWD_{un} 均有所增大,而且 MWD_{un} 的增大更为显著[见图 4-2(b)、(c)]。但是,另外一些研究则认为,当雨水与干土壤接触时,空气被雨水截留在土壤孔隙中而使未分散颗粒发生爆破崩解,所以干未分散颗粒较湿未分散颗粒更容易破碎,抵抗侵蚀的能力更弱(Truman et al.,1990;Le Bissonnais et al.,1992;Govers et al.,1993)。

当排除 2012 年 6 月 25 日降雨的异常点后,紫色土和黑土的侵蚀泥沙 MWD_{un} 和 MWD_{dis} 均与侵蚀模数之间具有显著正相关关系,且拟合的线性回归方程决定系数均在 0.81 及以上[见图 4-2(b)、(c)]。从回归方程的斜率来看,分散颗粒的拟合方程斜率很小,紫色土和黑土分别为 0.002 和 0.001,表明分散的泥沙颗粒大小随土壤侵蚀强度的变化很小。相比较而言,紫色土和黑土侵蚀泥沙的 MWD_{un} 随侵蚀模数的变化更快,其斜率分别为 0.006 和 0.01。这些结果表明,对于黏粒含量相对较高且团聚性好的土壤而言,未分散颗粒的大小对侵蚀作用更加敏感,而非单粒大小;同时,该结果对于有机质含量更高、未分散颗粒更为稳定的黑土而言,表现似乎更为明显。

根据以上对分散状态下的泥沙颗粒粗细的分析,假设侵蚀泥沙中没有团聚体,那么未分散颗粒的粗细与分散颗粒的粗细相等。然而,现实情况是,大多数土壤的侵蚀泥沙中不可能没有团聚体,只是含量多与少、团聚程度高与低的差别而已。因此,通过计算未分散泥沙颗粒的 MWD(MWD_{un})与分散泥沙颗粒的 MWD(MWD_{dis})的比值,用 MWD Ratio 来表示,以此反映泥沙的团聚程度。MWD Ratio 越大,表明泥沙中以团聚体形式存在的颗粒越多。

如图 4-3 所示,MWD Ratio 均大于 1,并且,MWD Ratio 一般随着原土壤黏粒含量的增加而变大。黑土的 MWD Ratio 总是最大的,其次由大到小依次是紫色土、红壤、褐土和黄土。除 2012 年 6 月 25 日的降雨外,紫色土和黑土的 MWD Ratio 均非常高,且后者比前者略高,它们的平均 MWD Ratio 分别为 6.9 和 5.4。此外,褐土、红壤和黄土侵蚀泥沙的 MWD Ratio 较为接近,均值依次为 2.9、2.3 和 1.6。由此表明,对于黏粒含量较高的紫色土和黑土,其侵蚀泥沙主要由团聚体构成。主要原因仍然是土壤中较高的黏粒含量和有机质含量增加了团聚体的稳定性。当雨滴打击、降雨侵蚀时,分离破碎的团聚体较少,从而使这种质地的土壤更容易以团聚体的形式被侵蚀(Young,1980;Meyer et al.,1992)。而对于本书中黏粒含量居中的红壤和黏粒含量最少的黄土与褐土,由于试验条件的限制,无法将代表黏壤土和粉壤土的两种质地的土壤在各次降雨中作充分的对比来说明这两种质地的土壤侵蚀泥沙团聚程度的区别,但是,它们的 MWD Ratio 均较小,可以在一定程度上说明它们的侵蚀泥沙中团聚体所占的比例相对较少。该结论也基本上与大多数学者的研究结果一致,他们认为黏粒含量低的土壤,其侵蚀泥沙主要是由单粒组成的,而团聚体所占比例相对较小(Younge et al.,1978)。因此,土壤之间的这种差异主要是受原土质地和团聚程度的影响(Gabriels et al.,1978)。土壤黏粒含量与泥沙团聚程度之间的这种关系与Young(1980)和Meyer等(1992)的研究结果一致。他们认为黏粒含量越高的土壤,其团聚程度越好,越容易以团聚体的形式被侵蚀。因此,团聚程度和团聚体的稳定性会对土壤颗粒的分离和搬运产生明显的影响(Young et al.,1977)。

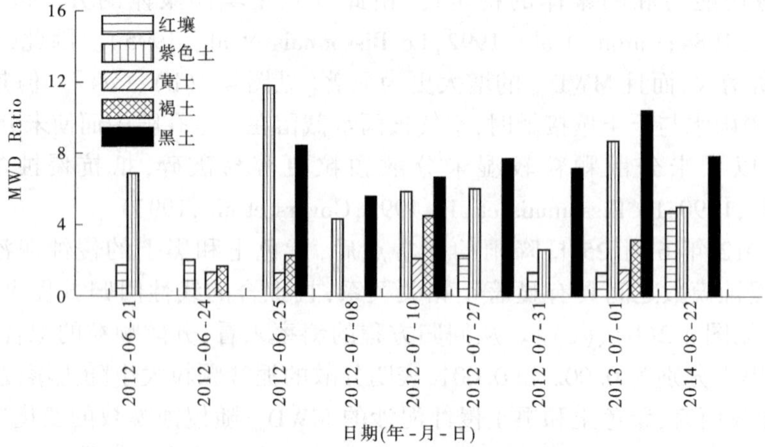

图4-3 5种土壤侵蚀泥沙的团聚程度对比

(MWD Ratio:未分散和分散颗粒平均加权质量粒径的比值)

为了进一步证明本书的5种土壤侵蚀泥沙颗粒的输移形式,选择4次降雨,分别为2012年6月24日、25日和7月10日,以及2013年7月1日,因为5种土壤在这4次降雨中均有数据,可以在统一的条件下对5种土壤进行比较分析。对每种土壤侵蚀泥沙颗粒在未分散和分散状态下测定的各级颗粒含量取4次降雨的均值,并使用SPSS统计软件对其进行方差分析,结果如表4-1所示。

表4-1 4次降雨侵蚀泥沙各级未分散颗粒和分散颗粒含量均值对比

粒级/mm	红壤(黏壤土)/%		紫色土(粉黏壤土)/%		黄土(粉壤土)/%		褐土(粉壤土)/%		黑土(粉黏壤土)/%	
	undis	dis	undis	dis	undis	dis	undis	dis	undis	dis
<0.002	1.7*	38.2*	8.5*	38.3*	1.5*	14.1*	0.9*	20.2*	1.7*	41.2*
0.002~0.02	23.4	37.9	47.6	40.6	24.4	22.8	21.4	23.0	40.9	39.6
0.02~0.05	58.4*	7.0*	21.2*	13.8*	46.4*	38.4*	38.9	33.8	28.5*	14.4*
0.05~0.1	4.5	5.3	5.7	6.1	24.0	23.7	25.7	20.7	3.6	2.9
0.1~0.25	1.8	3.5	2.4*	0.5*	1.3	0.8	3.8	1.9	3.7*	0.6*
0.25~0.5	4.0	3.2	6.3*	0.2*	1.3	0.1	5.0	0.3	10.8*	0.6*
0.5~1	3.9	3.1	4.8	0.2	0.6	0.1	2.9	0.1	8.3*	0.5*
>1	2.3	1.7	3.4	0.2	0.5	0	1.4	0	2.5*	0.2*

注:1. undis表示未分散颗粒(包括团粒和单粒);dis表示分散颗粒(指单粒)。

2. * 表示未分散颗粒和分散颗粒之间存在显著差异。

侵蚀泥沙的各级未分散颗粒平均百分含量如表 4-1 中每种土壤的第一列所示，第二列为相对应粒级的分散颗粒平均百分含量。结果发现，对于紫色土和黑土来说，泥沙中>0.02 mm 的未分散颗粒含量均显著高于相应粒级的分散颗粒含量，说明未分散颗粒均比分散颗粒粗，尤其是黑土表现更为明显。由此可知，这两种土壤的侵蚀泥沙以团聚体为主。许多学者也获得了相同的结论（Swanson et al.，1965；Loch et al.，1983；Walling，1990；Martínez-Mena et al.，1999，2002），他们认为，大多数土壤的径流侵蚀泥沙均主要由团聚体组成，即泥沙颗粒的主要侵蚀形式是团聚体，而不是单粒。但是，一些学者认为，还有一些质地为粉壤土的土壤，由于其本身的黏粒含量很低，团聚性较差，因而这类土壤的侵蚀泥沙主要由单粒组成，团聚体则相对较少，即泥沙颗粒的主要侵蚀形式是单粒，而不是团聚体（Young et al.，1978；Meyer et al.，1992）。例如，本书中的黄土和褐土，它们产生的泥沙未分散颗粒和分散颗粒含量相近，且未分散颗粒仅仅比分散颗粒略粗，表明这种质地的土壤，其侵蚀泥沙主要由单粒构成，团聚体较少，因此黄土和褐土侵蚀泥沙颗粒的主要侵蚀形式以单粒为主，有少量的团聚体。比较例外的是质地为黏壤土的红壤，其侵蚀泥沙的颗粒粗细特征表现为：只有 <0.002 mm 和 0.02~0.05 mm 这两个粒级的未分散颗粒和分散颗粒之间存在显著差异，而且未分散颗粒比分散颗粒略粗，由此也可以说明红壤的侵蚀泥沙主要由团聚体组成。因此，对于粉粒含量较高的土壤，其中富含黏粒且团聚性好的土壤，其侵蚀泥沙通常以粉粒和黏粒组成的稳定性团聚体为主；但是，团聚性较差的土壤，其侵蚀泥沙则通常以单粒为主（Meyer et al.，1992）。

综上所述，在本书中，对于黏壤土（如红壤）和团聚性好的粉黏壤土（如紫色土和黑土）而言，其侵蚀泥沙通常以团聚体为主，即土壤颗粒主要以团聚体的形式被侵蚀；而对团聚性较差的粉壤土（如黄土和褐土），其侵蚀泥沙则以单粒为主，团聚体较少，即土壤颗粒主要以单粒的形式被侵蚀。

4.2　侵蚀泥沙颗粒大小分布特征

图 4-4 所示的是 5 种土壤的径流小区在 3 次典型降雨中的侵蚀泥沙分散前后颗粒大小分布。本书选取的这 3 次典型降雨主要考虑 3 点：第一，尽量保证 5 种土壤的径流小区都有收集到所需的泥沙样品，并且数据完整，以便 5 种土壤在统一的平台上比较；第二，应区分出最大 30 min 雨强（I_{30}）的大小，以保证能分别看到小雨强和大雨强条件下的侵蚀泥沙组成特征是否一致；第三，可能受到其他因素影响出现特殊情况时应单独举例说明。因此，本书选取的 3 个典型例子分别是 2012 年 7 月 10 日，用于代表小雨强的降雨；2013 年 7 月 1 日用于代表大雨强降雨；2012 年 6 月 25 日用于代表受前期降雨影响的特殊情况。

2012 年 7 月 10 日的降雨，其 I_{30} 为 14.0 mm/h（见表 2-2），除红壤外，其他土壤均有数据。对紫色土和黑土而言，泥沙未分散颗粒中含量最多的均为 0.002~0.02 mm（细粉团）和 0.02~0.05 mm（粗粉团）。其中，紫色土和黑土的细粉团分别占总泥沙质量的 50.4%和 45.9%；而粗粉团分别占总泥沙质量的 20.8% 和 29.7%[见图 4-4(a)]。然而，分散后所得到的各级单粒分布中，含量最多的则是 0.002~0.02 mm（细粉粒）和 <0.002 mm（黏粒）。其中，紫色土和黑土侵蚀泥沙分散后的细粉粒质量占总泥沙质量的比例分

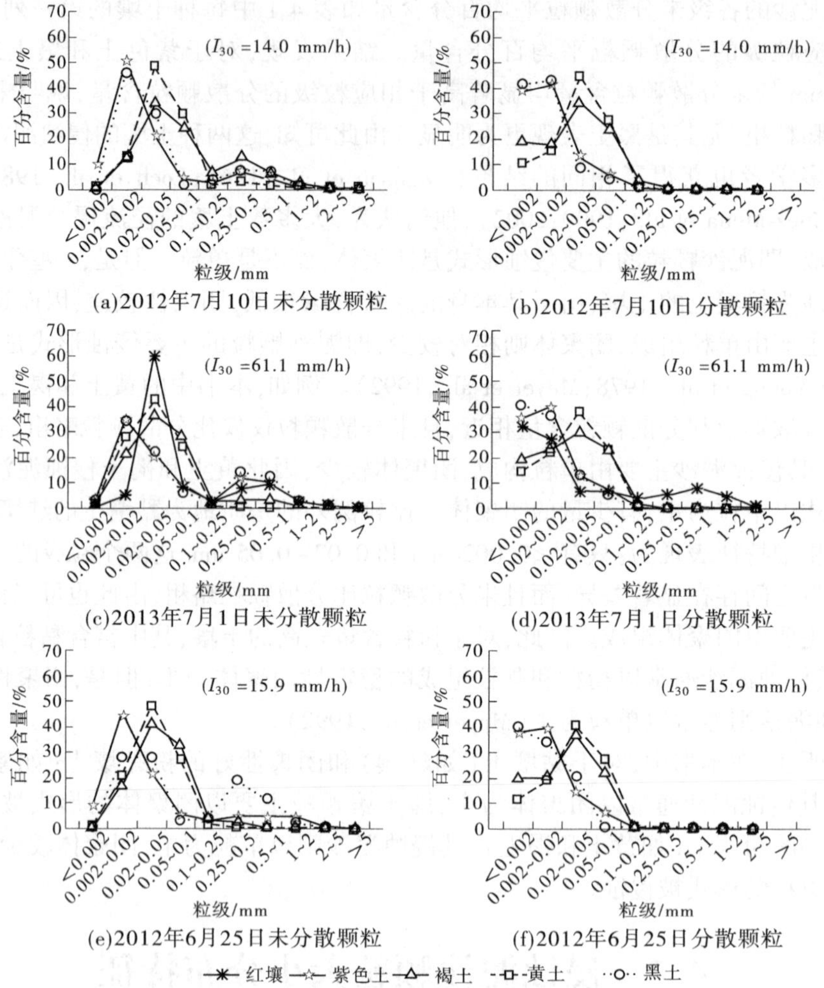

(a)2012年7月10日未分散颗粒　(b)2012年7月10日分散颗粒

(c)2013年7月1日未分散颗粒　(d)2013年7月1日分散颗粒

(e)2012年6月25日未分散颗粒　(f)2012年6月25日分散颗粒

图 4-4　5 种土壤的径流小区在 3 次典型降雨中的侵蚀泥沙分散前后颗粒大小分布

别为 41.2%和 43.2%；而粗粉粒质量占总泥沙的比例分别为 13.4%和 9.2%[见图 4-4(b)]。由此表明，在紫色土侵蚀泥沙中，至少有 9.2%的 0.002~0.02 mm 大小的颗粒和 7.4% 的 0.02~0.05 mm 大小的颗粒是以团聚体的形式被侵蚀的；在黑土侵蚀泥沙中，至少有 2.7%的 0.002~0.02 mm 大小的颗粒和 20.5%的 0.02~0.05 mm 大小的颗粒是以团聚体的形式被侵蚀的。此外，紫色土侵蚀泥沙 0.25~0.5 mm 和 0.5~1 mm 的未分散颗粒占总泥沙的质量比例分别为 7.0%和 3.8%；黑土侵蚀泥沙中这两个粒级的未分散颗粒占总泥沙的质量比例分别为 7.7%和 7.3%。然而，分散之后，紫色土侵蚀泥沙 0.25~0.5 mm 和 0.5~1 mm 的分散颗粒占总泥沙的质量比例则分别为 0.3%和 0.1%；黑土侵蚀泥沙中这两个粒级的未分散颗粒占总泥沙的质量比例则分别为 0.5%和 0.4%。所以，紫色土侵蚀泥沙中，至少有 6.7%的 0.25~0.5 mm 大小的颗粒和 3.7%的 0.5~1 mm 大小的颗粒是以团聚体的形式被侵蚀的；黑土侵蚀泥沙中，至少有 7.2%的 0.25~0.5 mm 大小的颗粒和 6.9%的 0.5~1 mm 大小的颗粒是以团聚体的形式被侵蚀的。综上所述，在以紫色土和黑土为代表的粉黏壤土中，其侵蚀泥沙主要由团聚体构成，且不同大小的未分散颗粒中均有一定比例的团聚体存在。

对黄土和褐土而言，其侵蚀泥沙中，无论是未分散颗粒还是分散颗粒，均以 0.02~0.05 mm 的颗粒所占比例最多，平均约为 40%；其次是 0.05~0.1 mm 的颗粒，平均约为 25%。但是，>0.25 mm 的各级颗粒中，未分散的颗粒所占比例均略多于分散的颗粒[见图 4-4(a)、(b)]。表明在以黄土和褐土为代表的粉壤土中，其侵蚀泥沙主要由单粒构成，个别未分散颗粒中有少量的团聚体存在。

对红壤而言，尽管在此次小雨强的降雨中没有泥沙未分散颗粒和分散颗粒大小分布的数据，但是通过其他降雨事件，包括最大雨强的 2013 年 7 月 1 日降雨，也可以发现，红壤与其他 3 种土壤有所不同。其侵蚀泥沙中未分散颗粒以 0.02~0.05 mm(粗粉团)为主，含量高达 60.1%[见图 4-4(c)]，而分散后该粒级的单粒所占比例只有 7.4%[见图 4-4(d)]，由此可以表明，红壤的侵蚀泥沙 0.02~0.05 mm 大小的颗粒中有至少 52.7% 的颗粒是团聚体。相反，其侵蚀泥沙未分散颗粒中的 0.002~0.02 mm(细粉团)含量仅为 5.4%，而分散后该粒级的单粒含量却增加至 27.7%，表明红壤侵蚀泥沙 0.002~0.02 mm 大小的颗粒主要由单粒构成，并且至少有 22.3%的细粉粒(0.002~0.02 mm)参与形成了粗粉团和更大粒径的团聚体(Slattery et al.,1997)，且主要是来自粗粉团的破碎。此外，>0.25 mm 的各级未分散颗粒在总泥沙中所占的比例也均稍大于分散颗粒[见图 4-4(c)、(d)]。由此，也可以在一定程度上说明，以红壤为代表的黏壤土，其侵蚀泥沙主要是由团聚体组成的，尤其集中在 0.02~0.05 mm 大小的颗粒(粗粉团)。

随着 I_{30} 的增大，紫色土和黑土的未分散泥沙颗粒变粗，相应地 MWD_{un} 值变大[见图 4-4(a)]。与 2012 年 7 月 10 日的未分散泥沙颗粒组成相比，在 I_{30} 更大的 2013 年 7 月 1 日降雨中，紫色土和黑土侵蚀泥沙未分散颗粒仍然是以细粉团(0.002~0.02 mm)和粗粉团(0.02~0.05 mm)为主[见图 4-4(a)、(c)]。但是，这两个粒级在总泥沙中的含量都有所下降，尤其是细粉团含量降低得较多，平均大约下降了 13%；然而，中砂团(0.25~0.5 mm)和粗砂团(0.5~1 mm)的含量则分别大约平均增加了 6.2%和 6.1%。分散后，随着 I_{30} 的增大，紫色土和黑土侵蚀泥沙分散颗粒变得比 2012 年 7 月 10 日的小雨强降雨产沙略微粗一些，但是并没有像未分散泥沙颗粒那样明显[见图 4-4(b)、(d)]。

不同的是，对黄土和褐土而言，随着 I_{30} 的增大，其侵蚀泥沙未分散颗粒有所变细，MWD_{un} 值变小[见图 4-1(a)]。这主要是由于 2013 年 7 月 1 日降雨侵蚀泥沙中，除以粗粉团(0.02~0.05 mm)和极细砂团(0.05~0.1 mm)为主，且它们在总泥沙中的比例与 2012 年 7 月 10 日降雨侵蚀泥沙保持基本一致外，细粉团(0.002~0.02 mm)的含量较 2012 年 7 月 10 日降雨增加较多，大约平均增加了 12.1%；与此同时，细砂团(0.1~0.25 mm)、中砂团(0.25~0.5 mm)和粗砂团(0.5~1 mm)的含量则有所下降，大约平均减少了 18%[见图 4-4(a)、(c)]。分散后，随着 I_{30} 的增大，黄土和褐土侵蚀泥沙分散颗粒也变得比 2012 年 7 月 10 日的小雨强降雨产沙略微细一些，但是同样没有像未分散泥沙颗粒那样表现得明显[见图 4-4(b)、(c)]。

由此表明,不同质地的土壤对侵蚀的响应不同,以紫色土和黑土为代表的团聚性较好的粉黏壤土,其侵蚀泥沙颗粒在未分散的自然状态下随着 I_{30} 的增大而变粗;以黄土和褐土为代表的团聚性差的粉壤土,其侵蚀泥沙颗粒在未分散的自然状态下随着 I_{30} 的增大而变细。但是分散以后的单粒随着 I_{30} 的增大而变粗或变细不甚明显。因此,此结果也可以在一定程度上反映质地不同的土壤,其侵蚀泥沙的组成不同;同时,团聚体对土壤侵蚀的响应比单粒更加明显。

此外,2012 年 6 月 25 日降雨的 I_{30} 基本上与 2012 年 7 月 10 日降雨的相同(见表 2-2),但是,这两次降雨的紫色土和黑土侵蚀泥沙未分散颗粒组成差异较大[见图 4-4(a)、(e)]。由于 2012 年 6 月 25 日降雨侵蚀泥沙中 >0.25 mm 的未分散颗粒比 2012 年 7 月 10 日降雨侵蚀泥沙中的多,而 0.002~0.25 mm 的各级未分散颗粒则是前者比后者少,尤其细粉团(0.002~0.02 mm)的含量少更多,从而造成 I_{30} 相同的两次降雨,前者的 MWD_{un} 更大。初步分析原因发现,可能与前一日(24 日)的前期降雨有关,土壤初始含水量的影响导致产沙量增加(Cousen et al.,1984;Le Bissonnais et al.,1995)。此外,这两次降雨的侵蚀泥沙分散颗粒仍然没有明显变化[见图 4-4(b)、(f)],由此也进一步证明了单粒在土壤侵蚀过程中的不敏感性。

无论是大雨强的降雨还是小雨强的降雨,或是受到前期降雨影响的降雨,5 种土壤侵蚀泥沙组成均表现出一致的规律:未分散颗粒中 <0.002 mm 的黏团含量远远小于分散后<0.002 mm 的黏粒含量。此结果在表 2-2 所示的 5 种土壤共有的 4 次降雨均值结果中也可以非常明显地看到,侵蚀泥沙中 <0.002 mm 的未分散颗粒与分散颗粒存在显著的差异,且前者远小于后者。因此,可以说明泥沙中绝大部分的黏粒是以团聚体的形式侵蚀的,以单粒形式侵蚀的很少。此结果与 Alberts 等(1980)和 Martínez-Mena 等(1999)所得的结论一致。在径流侵蚀过程中,黏粒常常通过径流泥沙中的二价阳离子与矿物质之间的共价键絮凝或吸附在团聚体表面,这对营养元素和污染物质的迁移,以及随之产生的环境污染有着至关重要的意义(Young,1980;Loch et al.,1983)。

4.3 小　结

本章通过使用标准的湿筛-吸管法,对我国 5 种典型土壤的侵蚀泥沙机械组成(单粒大小分布或分散颗粒大小分布)和团聚体(未分散颗粒)大小分布进行测定分析,对比了泥沙中的单粒(分散颗粒)和团粒(未分散颗粒)粒径粗细与组成特征,明确了研究的 3 种质地(黏壤土、粉黏壤土、粉壤土)的 5 种土壤侵蚀泥沙颗粒的输移形式和侵蚀特征,主要得到以下结论:

(1)不同质地的土壤,其侵蚀泥沙颗粒(单粒和团粒)的存在形式不同。红壤、紫色土和黑土,其侵蚀泥沙颗粒组成以团聚体为主,即主要以团聚体的形式被侵蚀,尤其紫色土和黑土表现更明显;而黄土和褐土,其侵蚀泥沙以单粒为主,团聚体相对较少,即主要以单粒的形式被侵蚀输移。

(2)5 种土壤侵蚀泥沙中,绝大部分的黏粒均以团聚体的形式被侵蚀输移,这对营养元素和污染物质的迁移,以及随之产生的环境污染有着至关重要的影响。

(3)在土壤颗粒分离、搬运输移过程的研究中,团粒(未分散颗粒)比单粒(分散颗粒)对侵蚀作用更敏感,更适合作为评价土壤侵蚀的指标,这对准确理解土壤侵蚀和沉积过程导致的土壤颗粒的再分配与流失具有重要意义,为土壤侵蚀过程模型和泥沙与营养元素输移模型的建立,以及土壤调查的开展等理论研究和实践活动等提供了重要指导。

第 5 章　侵蚀泥沙各级团聚体的机械组成特征

5.1　红壤侵蚀泥沙各级团聚体的机械组成特征

对于 2013 年 7 月 1 日和 2014 年 8 月 22 日两次降雨采集到的径流泥沙样品,分别测定其各级团聚体的机械组成,两次降雨所得数据无显著差异,因此本书将其取均值后分析红壤侵蚀泥沙各级团聚体的机械组成特征(郝燕芳 等,2018)。图 5-1 所示的是红壤侵蚀泥沙各级团聚体的机械组成与土壤和泥沙的机械组成的对比结果。

由图 5-1 可知,0. 002~0. 05 mm(粉团)的团聚体中以黏粒(<0. 002 mm)为主,含量约为 50%,其次是细粉粒(0. 002 ~ 0. 02 mm),含量约为 40%,所占比例最少的是粗粉粒(0. 02~0. 05 mm);0. 05~0. 1 mm(极细砂团)的团聚体中以粉粒(0. 002~0. 05 mm)和黏粒为主,约占 60%;0. 1~0. 25 mm(细砂团)、0. 25~0. 5 mm(中砂团)、0. 5~1 mm(粗砂团)以及 1~2 mm(极粗砂团)4 个粒级的团聚体中均以本粒级的单粒为主,且随着团聚体粒径的变大,该粒级的单粒所占比例逐渐增大,大约由 50%增加到了 80%;2~5 mm(细砾团)和 >5 mm(中砾团)的团聚体中均以砾石(>2 mm)为主,含量均在 70%以上。此外,综观 8 个不同粒级团聚体的机械组成,黏粒、细粉粒和粗粉粒在各个粒级团聚体中所占的比例均随着团聚体粒径的增大而逐渐减少。

在红壤侵蚀泥沙的机械组成中,黏粒和细粉粒等细颗粒含量比原土中的稍多,而>0. 1 mm 的各级粗颗粒含量则比原土中的略少。将红壤侵蚀泥沙 8 个粒级团聚体的机械组成分别与其泥沙和原土的机械组成作对比(见图 5-1)发现,黏粒在粉团(0. 002~0. 05 mm)中的含量最多,并高于其在泥沙和原土中的含量;而在 0. 05~0. 25 mm 各级团聚体中的含量则大于原土小于泥沙;在 >0. 25 mm 各级较粗团聚体中的含量均比原土和泥沙中少。细粉粒在 >0. 05 mm 各级团聚体中的含量均比原土和泥沙中的少,而只有在 0. 002~0. 05 mm 粉团中的含量比原土和泥沙中多。粗粉粒在 >0. 1 mm 各级团聚体中的含量均小于泥沙和原土中的含量,而在 <0. 1 mm 的粉团和极细砂团(0. 05~0. 1 mm)中的含量均大于泥沙和原土中的。

总而言之,质地为黏壤土的红壤,其侵蚀泥沙粉团(0. 002 ~ 0. 05 mm)中以黏粒(<0. 002 mm)为主,>0. 05 mm 各级团聚体中均以其本粒级的单粒为主;且随着团聚体粒径增大,其中的黏粒和粉粒(0. 002~0. 05 mm)含量逐渐减少,而砂粒(0. 05~2 mm)含量逐渐增加;粉团中的黏粒和粉粒均比其泥沙和原土中多,0. 05~0. 25 mm 各级团聚体中的黏粒含量少于泥沙而多于原土,其余各级团聚体中的黏粒均比其泥沙和原土中的少。

由于在美国制的土壤颗粒分类中最小的砂粒(0. 05 ~ 2 mm)粒径是 0. 05 mm,所以<0. 05 mm 的团聚体中并不包含砂粒,根据质量守恒原理,砂粒的增加会导致粉粒

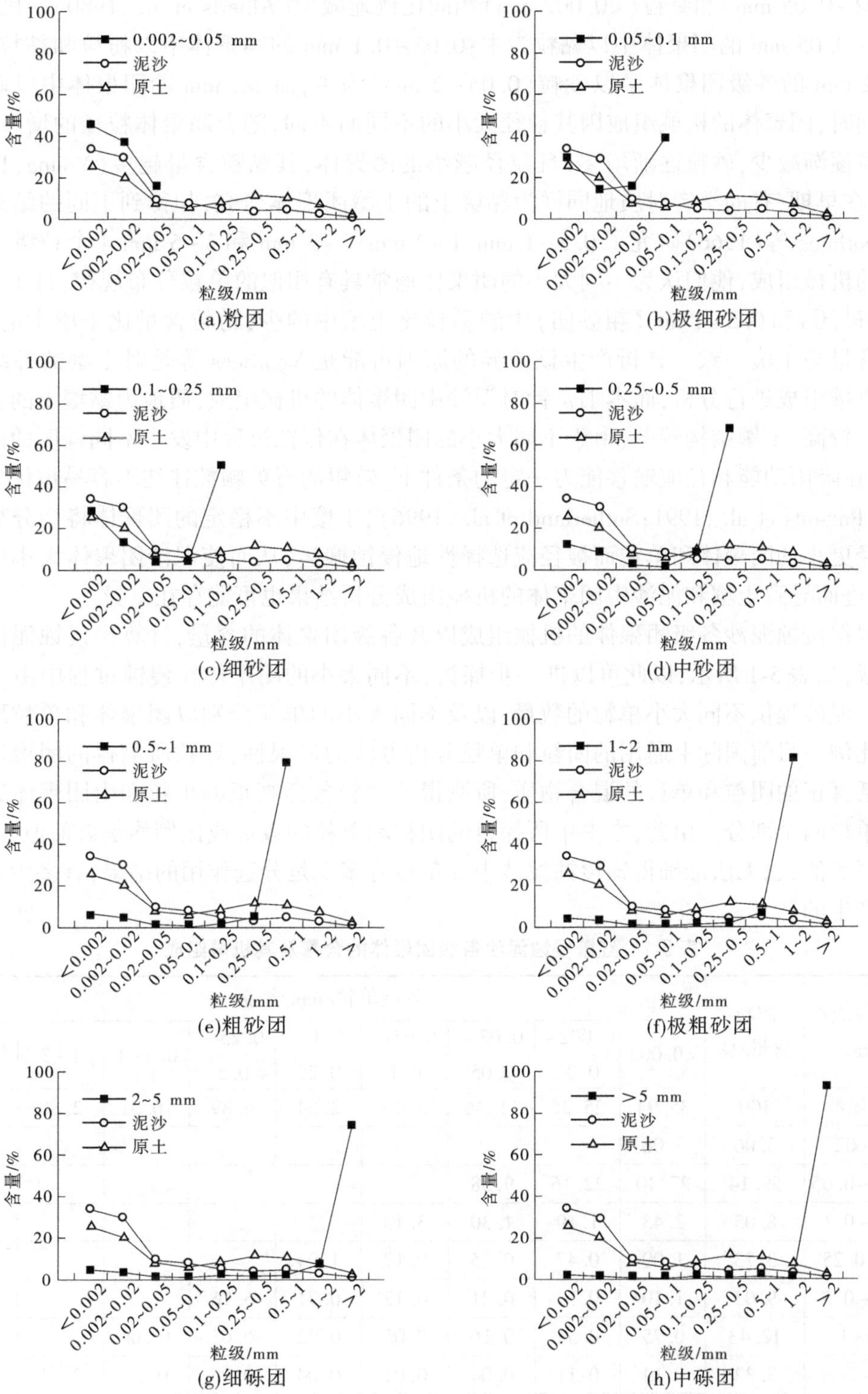

图 5-1　红壤侵蚀泥沙各级团聚体的机械组成与泥沙和原土的对比

(0.002~0.05 mm)和黏粒(<0.002 mm)相同比例地减少(Alberts et al.,1980)。因此,在0.002~0.05 mm的团聚体中以黏粒为主;0.05~0.1 mm的团聚体中以粉粒和黏粒为主;0.1~2 mm的各级团聚体中以砂粒(0.05~2 mm)为主;而>2 mm的团聚体中以砾石为主。同时,团聚体的机械组成因其粒径大小的不同而不同,随着团聚体粒径的增大,黏粒和粉粒逐渐减少,砂粒逐渐增多,且粒径越小的团聚体,其黏粒含量越多(Young,1980)。然而,在早期,有的学者对质地同样为黏壤土的土壤团聚体研究,却得到不同的结果。例如,Voorhees等(1966)研究了0.5~1 mm、1~2 mm、2~3 mm和3~5 mm 4个粒级土壤团聚体的机械组成,他们认为不同大小的团聚体通常具有相似的单粒分布规律,且1~2 mm(极粗砂团)和0.5~1 mm(粗砂团)中的黏粒比土壤中的少,粉粒含量比土壤中的多,而砂粒含量与土壤一致。分析产生该差异的原因可能是Voorhees等是对土壤的各级团聚体的机械组成进行分析,而本书是针对泥沙中团聚体的机械组成,质地为黏壤土的土壤砂粒含量较高,土壤结构较差,由于不同大小的团聚体在侵蚀过程中发生不同程度的破碎和分选,在降雨动能和径流输移能力一定的条件下,较粗的石英颗粒往往不容易被优先侵蚀搬运(Parsons et al.,1991;Sutherland et al.,1996),土壤中不稳定的团聚体将会分离破碎成粒径更小的团聚体和单粒而被径流选择性地侵蚀搬运,从而使泥沙团聚体大小比土壤更细,进而导致土壤和泥沙中团聚体的机械组成分析结果也可能存在差异。

根据侵蚀泥沙各级团聚体的机械组成以及各级团聚体的含量,计算出侵蚀泥沙的机械组成,如表5-1所示,以此可以进一步探讨,不同大小的团聚体在侵蚀过程中由于破碎作用为泥沙提供不同大小单粒的数量,以及不同大小的单粒分别以团聚体和单粒形式存在的比例。目前国际上通用的团粒和单粒分析方法的局限性,导致所测得的团聚体事实上包括真正的团粒和单粒的混合物质,所测得的单粒包括真正的单粒和由团聚体破碎得到的单粒两个部分。由此,本书中所探讨的团粒和单粒的数量或比例均是近似值,而无法获得真实值;也无法准确得知侵蚀泥沙中的单粒有多少是分选作用的结果,有多少是团粒破碎产生的。

表5-1　红壤侵蚀泥沙各级团聚体的含量及其机械组成

团粒粒级/mm	团粒含量/%	各级单粒/mm 含量/%								
		<0.002	0.002~0.02	0.02~0.05	0.05~0.1	0.1~0.25	0.25~0.5	0.5~1	1~2	>2
全部泥沙	100	35.94	25.25	11.46	3.49	2.94	6.89	10.31	2.80	0.92
<0.002	3.06	3.06								
0.002~0.05	59.14	27.40	22.16	9.58						
0.05~0.1	8.05	2.43	1.19	1.30	3.13					
0.1~0.25	3.73	1.00	0.47	0.15	0.17	1.94				
0.25~0.5	9.03	1.10	0.73	0.21	0.12	0.71	6.16			
0.5~1	12.43	0.75	0.54	0.16	0.05	0.22	0.65	10.06		
1~2	3.32	0.14	0.11	0.04	0.01	0.04	0.05	0.22	2.71	
2~5	1.06	0.06	0.05	0.02	0.01	0.03	0.03	0.03	0.09	0.74
>5	0.18	0	0	0	0	0	0	0	0	0.18

由表 5-1 可知,红壤侵蚀泥沙的机械组成中,黏粒(<0.002 mm)含量为 35.94%,其中最多有 3.06%以单粒形式存在,而绝大部分是由不同大小的团聚体破碎而来,其中由粉团(0.002~0.05 mm)破碎提供的黏粒最多,为 27.40%,因此至少有 91.5%的黏粒以团聚体的形式存在。由于红壤侵蚀泥沙中以粉团为主,其含量高达 59.14%,所以根据其机械组成计算得到组成粉团的细粉粒(0.002~0.02 mm)和粗粉粒(0.02~0.05 mm)含量分别为 22.16% 和 9.58%,分别占粉团总量的 37.5% 和 16.2%。然而,由于无法获得粗粉团和细粉团的泥沙样品,所以无法得知泥沙中的粗粉粒和细粉粒分别有多少来自粗粉团和细粉团,只可以分析得到,泥沙中的粉粒(0.002~0.05 mm)至多有 86.5%以单粒形式存在,而至少有 13.5% 是来自 >0.05 mm 的各级砂粒大小的团聚体破碎。0.05~2 mm 的各级砂粒均主要来自其本身粒级的团聚体破碎,并且以团聚体形式存在的各级砂粒均较少,其中最多的是 0.1~0.25 mm 的细砂粒,其至少有 34%是来自比细砂团更大的团聚体破碎。对于 >2 mm 的砾石,其主要来自 2~5 mm 的细砾大小的团聚体,所占比例最高达 80.4%,而由 >5 mm 的中砾大小的团聚体所提供的砾石较少。同时,以团聚体形式存在的砾石很少,至少为 19.6%,这可能是因为砾石的比表面积小,使黏粒含量相对较少,且有机质等黏结物质也少的红壤中很难形成 >2 mm 的团聚体。

因此,对质地为黏壤土的红壤而言,其侵蚀泥沙中以粉团(0.002~0.05 mm)为主,黏粒(<0.002 mm)、细粉粒(0.002~0.02 mm)和粗粉粒(0.02~0.05 mm)均主要来自粉团的破碎;0.05~2 mm 各级砂粒均主要来自其相应粒径的团聚体,同时不同大小的砂粒均主要以其本身粒级的单粒存在,以团聚体形式存在的很少;>2 mm 的砾石主要来自细砾大小的团聚体(2~5 mm),而非中砾大小的团聚体(>5 mm),同时以团聚体形式存在的砾石非常少。此外,红壤侵蚀泥沙中的黏粒绝大多数以团聚体的形式存在,由此,正是因为黏粒具有较大的比表面积而更容易吸附和挟带化学污染元素,从而使粉团的破碎对环境的污染更为严重。所以,侵蚀泥沙团聚体的机械组成会对泥沙的物理化学性质产生影响(Alberts et al.,1980)。

5.2　紫色土和黑土侵蚀泥沙各级团聚体的机械组成特征

数据来源与红壤相同,图 5-2 和图 5-3 所示的分别是紫色土和黑土侵蚀泥沙各级团聚体的机械组成与土壤和泥沙的机械组成的对比结果。

由图 5-2 可知,0.002~0.05 mm(粉团)的团聚体中以细粉粒(0.002~0.02 mm)为主,含量约为 40%,黏粒(<0.002 mm)和粗粉粒(0.02~0.05 mm)所占比例几乎相当,大约各占 30%;0.05~0.1 mm(极细砂团)的团聚体中以粉粒(0.002~0.05 mm)和黏粒为主,所占比例在 60% 以上;0.1~0.25 mm(细砂团)、0.25~0.5 mm(中砂团)、0.5~1 mm(粗砂团)、1~2 mm(极粗砂团)和 2~5 mm(细砾团)5 个粒级的团聚体中均以细粉粒所占比例最多,且随着团聚体粒径的变大,细粉粒所占比例先增加后减小;>5 mm(中砾团)的团聚体中以砾石(>2 mm)为主,含量接近 60%。此外,综观 8 个不同粒级团聚体的机械组成,在 >0.1 mm 的各级团聚体中,黏粒随着团聚体粒级的增大,所占比例逐渐降低;细粉粒先增加后减少;而粗粉粒则基本保持不变。

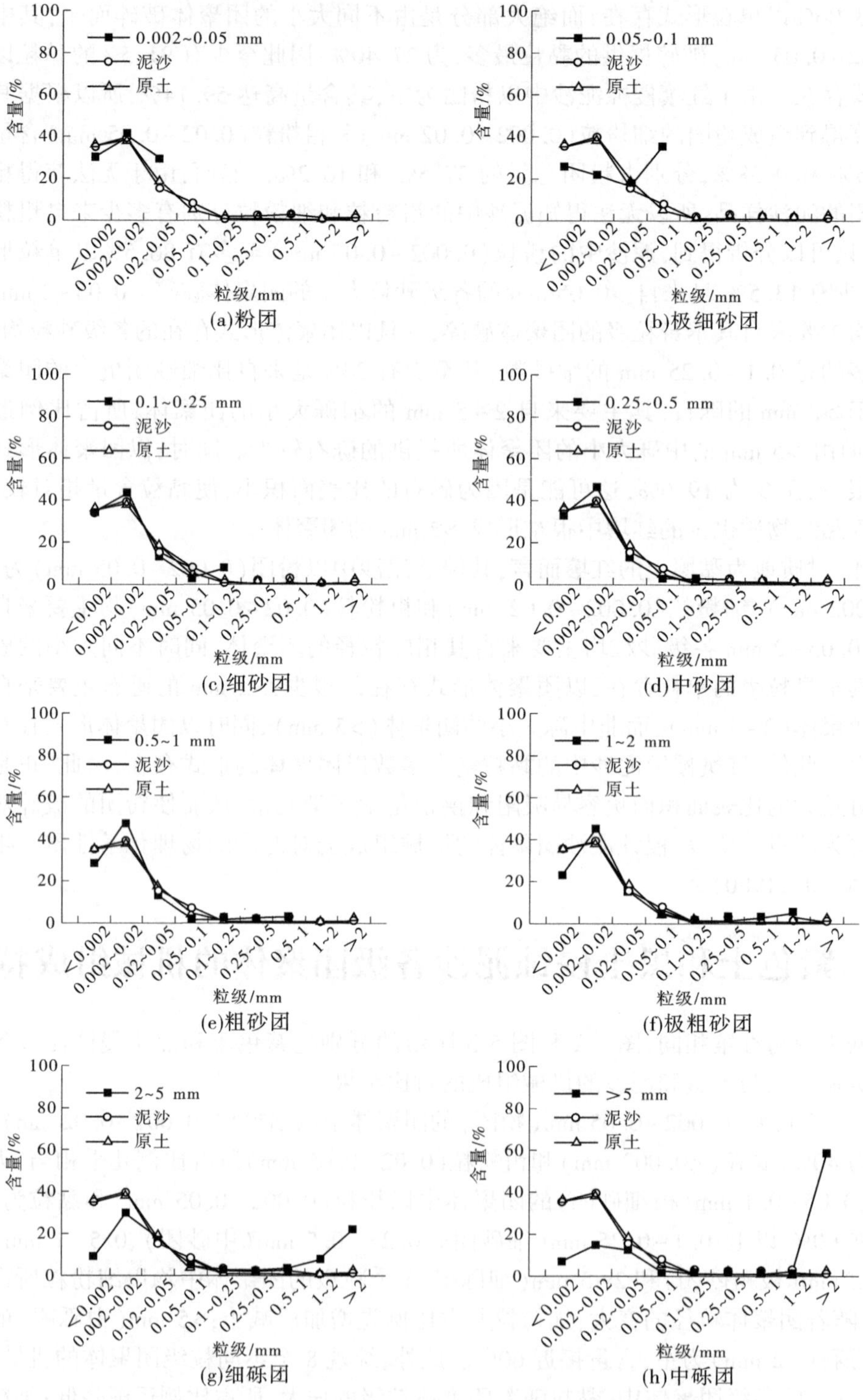

图 5-2　紫色土侵蚀泥沙各级团聚体的机械组成与泥沙和原土的对比

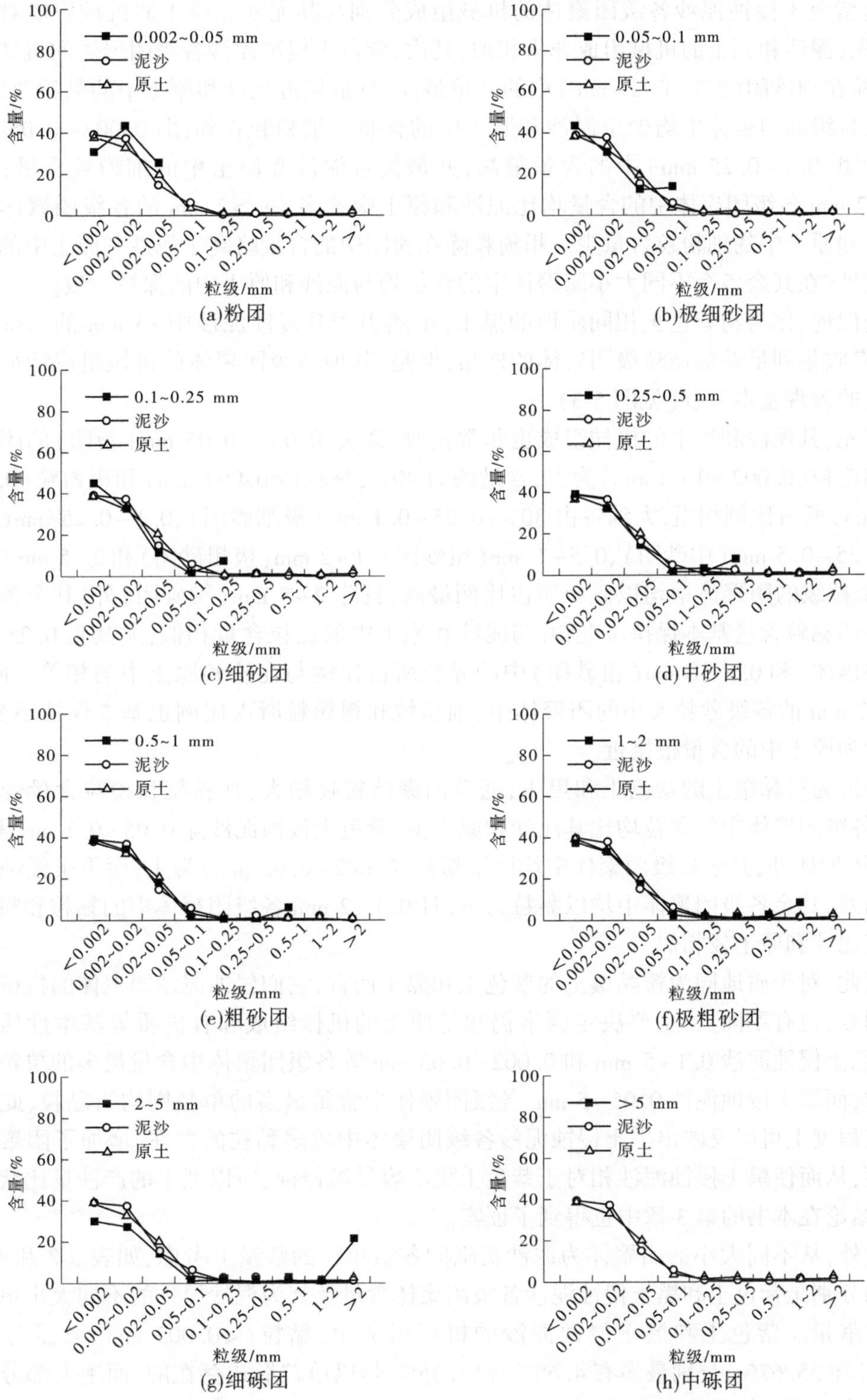

图 5-3　黑土侵蚀泥沙各级团聚体的机械组成与泥沙和原土的对比

将紫色土侵蚀泥沙各级团聚体的机械组成分别与其泥沙和原土的机械组成对比发现，首先，泥沙和原土的机械组成非常相似；其次，紫色土侵蚀泥沙各级团聚体的机械组成中，黏粒在细砂团（0.1~0.25 mm）中的含量最高，且最接近泥沙和原土中的黏粒含量，而在其余粒级的团聚体中均少于泥沙和原土中的含量。细粉粒在粉团（0.002~0.05 mm）和细砂团（0.1~0.25 mm）中的含量最高，并最接近泥沙和原土中的细粉粒含量，而在0.25~2 mm各级团聚体中的含量均比泥沙和原土中的多，在 >2 mm的各级团聚体中则比泥沙和原土中的细粉粒含量少。粗粉粒除在粉团中的含量略高于泥沙和原土中的粗粉粒含量外，在其余各个不同大小团聚体中的含量均与泥沙和原土中的保持一致。

类似地，作为与紫色土相同质地的黑土，虽然由于其侵蚀泥沙中>5 mm的团聚体很少，没有收集到足够的该粒级团聚体的样品，但是，其他各级团聚体的机械组成特征均与紫色土的表现基本一致（见图5-3）。

首先，其泥沙和原土的机械组成也非常相似；其次，0.002~0.05 mm（粉团）的团聚体中以细粉粒（0.002~0.02 mm）为主，含量约为40%，黏粒（<0.002 mm）和粗粉粒（0.02~0.05 mm）所占比例相当，大约各占30%；0.05~0.1 mm（极细砂团）、0.1~0.25 mm（细砂团）、0.25~0.5 mm（中砂团）、0.5~1 mm（粗砂团）、1~2 mm（极粗砂团）和2~5 mm（细砾团）6个粒级的团聚体中均以黏粒所占比例最高，且除2~5 mm（细砾团）外，其余各级团聚体中的黏粒含量基本保持不变，并与泥沙和原土中的黏粒含量相似，尤其是0.25~0.5 mm（中砂团）和0.5~1 mm（粗砂团）中的黏粒所占比例与泥沙和原土中的相等。同时，0.05~2 mm的各级砂粒大小的团聚体中，细粉粒和粗粉粒所占比例也基本保持不变，且与泥沙和原土中的含量很接近。

质地为粉黏壤土的紫色土和黑土，随着团聚体粒径增大，其黏粒和粉粒含量变化不大，且各级团聚体中的黏粒均比其泥沙和原土少；紫色土侵蚀泥沙除0.05~0.1 mm和 >2 mm的团聚体外，其余各级团聚体中均以细粉粒（0.002~0.02 mm）为主；而黑土侵蚀泥沙除粉团外，其余各级团聚体中均以黏粒为主，且0.1~2 mm各级团聚体中的黏粒和粉粒含量与其泥沙和原土较相似。

因此，对于质地同为粉黏壤土的紫色土和黑土而言，它们侵蚀泥沙团聚体的机械组成有共同点，也有不同点，主要决定因素仍然是原土的机械组成和有机质等基本性质。例如，紫色土侵蚀泥沙0.1~5 mm和0.002~0.05 mm等各级团聚体中含量最多的单粒均为细粉粒，而黑土侵蚀泥沙0.05~5 mm各级团聚体中含量最多的单粒则均为黏粒，此结果在一定程度上可以反映出黑土侵蚀泥沙各级团聚体中较多黏粒的存在，增加了团聚体的稳定性，从而使黑土侵蚀泥沙相对于紫色土更不容易被侵蚀，所以黑土的产沙量比紫色土少，此结论在本书的第3章中也得到了证实。

此外，从不同大小的团聚体为泥沙贡献的各级单粒的数量上考虑，如表5-2和表5-3所示的分别是紫色土和黑土侵蚀泥沙各级团聚体含量及其为泥沙提供的不同大小单粒的近似贡献量。紫色土和黑土侵蚀泥沙的机械组成中，黏粒（<0.002 mm）含量分别为33.04%和35.67%，分别最多有4.68% 和1.35% 是以单粒形式存在的，而绝大部分是由不同大小的团聚体破碎而来，其中由粉团（0.002~0.05 mm）破碎提供的黏粒最多，分别占泥沙中黏粒总量的57.3% 和52.2%。因此，紫色土和黑土侵蚀泥沙中分别至少有

85.8% 和 96.2%的黏粒以团聚体的形式存在。由于紫色土和黑土侵蚀泥沙均以粉团为主,其含量分别为 61.87%和 59.76%,所以根据其机械组成计算得到组成粉团的细粉粒(0.002~0.02 mm)和粗粉粒(0.02~0.05 mm)含量:紫色土分别为 24.64%和 18.31%,分别占粉团总量的 39.8%和 25.6%;黑土分别为 25.89%和 15.26%,分别占粉团总量的 43.3%和 25.5%。

表 5-2　紫色土侵蚀泥沙各级团聚体的含量及其机械组成

团粒粒级/mm	团粒含量/%	各级单粒/mm 含量/%								
		<0.002	0.002~0.02	0.02~0.05	0.05~0.1	0.1~0.25	0.25~0.5	0.5~1	1~2	>2
全部泥沙	100	33.04	36.73	23.28	5.03	0.71	0.43	0.31	0.22	0.25
<0.002	4.68	4.68								
0.002~0.05	61.87	18.92	24.64	18.31						
0.05~0.1	12.03	3.02	2.51	2.10	4.40					
0.1~0.25	2.92	0.99	1.25	0.38	0.07	0.22				
0.25~0.5	8.99	2.96	4.10	1.18	0.26	0.30	0.19			
0.5~1	6.47	1.89	2.96	0.85	0.17	0.15	0.20	0.25		
1~2	2.07	0.49	0.95	0.32	0.07	0.03	0.03	0.05	0.13	
2~5	0.95	0.09	0.31	0.14	0.06	0.01	0.01	0.01	0.09	0.23
>5	0.03	0	0.01	0	0	0	0	0	0	0.02

表 5-3　黑土侵蚀泥沙各级团聚体的含量及其机械组成

团粒粒级/mm	团粒含量/%	各级单粒/mm 含量/%								
		<0.002	0.002~0.02	0.02~0.05	0.05~0.1	0.1~0.25	0.25~0.5	0.5~1	1~2	>2
全部泥沙	100	35.67	38.60	21.30	1.59	0.73	1.04	0.70	0.31	0.06
<0.002	1.35	1.35								
0.002~0.05	59.76	18.61	25.89	15.26						
0.05~0.1	7.56	3.25	2.29	0.95	1.07					
0.1~0.25	3.92	1.74	1.31	0.46	0.06	0.35				
0.25~0.5	11.87	4.66	3.85	1.85	0.33	0.27	0.91			
0.5~1	11.47	4.54	3.92	2.10	0.05	0.07	0.11	0.68		
1~2	3.52	1.32	1.17	0.59	0.07	0.03	0.02	0.02	0.30	
2~5	0.55	0.20	0.17	0.09	0.01	0.01	0	0	0.01	0.06

然而,由于无法获得粗粉团和细粉团的泥沙样品,所以无法得知泥沙中的粗粉粒和细粉粒分别有多少来自粗粉团和细粉团,只可以分析得到,紫色土和黑土泥沙中的粉粒(0.002~0.05 mm)分别至少有28.4%和31.3%是来自>0.05 mm的各级砂粒大小的团聚体破碎。0.05~0.1 mm、0.5~1 mm和1~2 mm的各级砂粒均主要来自其本身粒级的团聚体破碎,以团聚体形式存在的各级砂粒均较少,且紫色土0.05~0.1 mm的颗粒以团聚体形式存在的比例低于黑土,而0.5~1 mm和1~2 mm的颗粒以团聚体形式存在的比例则是紫色土高于黑土,可以说明紫色土的粗团聚体更不稳定,更容易破碎形成小团聚体和单粒。紫色土和黑土侵蚀泥沙中的细砂粒(0.1~0.25 mm)均以团聚体的形式存在为主,分别至少占此粒级单粒总量的69%和52.1%。紫色土的中砂粒(0.25~0.5 mm)也主要以团聚体的形式存在,所占比例至少为55.8%。对于紫色土>2 mm的砾石,主要来自2~5 mm的细砾大小的团聚体,所占比例最高达92%,而由>5 mm的中砾大小的团聚体所提供的砾石较少。

因此,紫色土和黑土侵蚀泥沙以粉团(0.002~0.05 mm)为主,黏粒(<0.002 mm)、细粉粒(0.002~0.02 mm)和粗粉粒(0.02~0.05 mm)均主要来自粉团的破碎;细砂粒(0.1~0.25 mm)主要来自>0.25 mm的各级团聚体破碎,且紫色土的中砂粒(0.25~0.5 mm)也主要来自更大粒径团聚体的破碎;其余粒级的砂粒均主要以其本身粒级的单粒形式存在;>2 mm的砾石主要来自细砾大小的团聚体(2~5 mm),而非中砾大小的团聚体(>5 mm),同时以团聚体形式存在的砾石团非常少。

综上所述,对于质地同为粉黏壤土的紫色土和黑土而言,紫色土侵蚀泥沙各级团聚体的机械组成根据团聚体大小的不同而有所差别,>0.1 mm各级团聚体中,随着团聚体粒径变大,其黏粒含量逐渐减少,粉粒变化不大;但是,黑土侵蚀泥沙>0.1 mm各级团聚体的机械组成与紫色土略有不同,0.25~2 mm各级团聚体的机械组成相似,该结果与Swanson等(1965)通过野外人工模拟降雨对粉黏壤土所做的研究结果较一致,作者认为0.1~2 mm各级团聚体的机械组成相似,而<0.05 mm、0.05~0.1 mm和>2 mm各级团聚体的机械组成具有统计学上的差异。有的研究对团聚体的分级比较简单粗略,获得的结果略有差别。Gabriels等(1978)利用室内人工模拟降雨的方法对粉黏壤土的研究发现,<0.05 m和>0.05 mm或<0.05 mm、0.05~1 mm和>1 mm各级团聚体中的黏粒、粉粒含量相等,且接近原土。然而,还有不同的研究结果,例如:Meyer等(1992)利用野外人工模拟降雨的方法研究了美国中南部和中西部的22种耕作土壤,质地包括黏土、粉黏土、粉黏壤土、粉土、壤土、砂壤土和壤砂土,团聚体分级为<0.063 mm、0.063~0.25 mm和>0.25 mm 3个粒级,结果表明,对于粉黏土、粉黏壤土和粉壤土,如果不考虑砂粒,泥沙各级团聚体的粉粒和黏粒含量与原土的相似;而有的土壤侵蚀泥沙中较粗的团聚体所包含的黏粒比原土中的黏粒多;还有的土壤,其侵蚀泥沙<0.004 mm的单粒在<0.063 mm和>0.25 mm团聚体中的含量相近。相同质地的土壤,其侵蚀泥沙各级团聚体的机械组成也会有差异,因此土壤质地并不是唯一的决定因素,可能还与土壤中的黏土矿物种类和有机质含量等有关。

5.3　黄土和褐土侵蚀泥沙各级团聚体的机械组成特征

数据来源与其他 3 种土壤有所不同,由于黄土和褐土产流产沙量较小,因此采集该两种土壤的泥沙样品很困难,只能选择 2013 年 7 月 1 日的 1 次降雨径流泥沙样品,对其进行各级团聚体的机械组成测定分析,所得结果如图 5-4 和图 5-5 所示,分别为黄土和褐土侵蚀泥沙各级团聚体的机械组成与土壤和泥沙的机械组成的对比结果。

由图 5-4 可知,0.002~0.05 mm(粉团)的团聚体中以粗粉粒(0.02~0.05 mm)为主,含量约为 70%;黏粒(<0.002 mm)所占比例最少,大约为 10%;细粉粒(0.002~0.02 mm)所占比例约 20%。0.05~0.1 mm(极细砂团)团聚体中以其本粒级的单粒(0.05~0.1 mm)为主,占总土样重的 70% 以上。0.1~0.25 mm(细砂团)的机械组成较为特殊,其各级单粒分布比较均匀,含量均在 20% 左右,且黏粒所占比例相对是最多的。0.25~0.5 mm(中砂团)、0.5~1 mm(粗砂团)、1~2 mm(极粗砂团)和 2~5 mm(细砾团)4 个粒级的团聚体中均以粗粉粒所占比例最高,且随着团聚体粒径的变大,粗粉粒所占比例基本保持不变。

将黄土侵蚀泥沙各级团聚体的机械组成分别与其泥沙和原土的机械组成对比发现,首先,泥沙和原土的机械组成非常相似。其次,在黄土侵蚀泥沙各级团聚体的机械组成中,黏粒在细砂团(0.1~0.25 mm)中的含量最高,且高于泥沙和原土中的黏粒含量;而在极细砂团(0.05~0.1 mm)中的含量最低,且低泥沙和原土中的黏粒含量;其余各级团聚体中的黏粒所占比例基本保持不变,且接近泥沙和原土。细粉粒在粉团(0.002~0.05 mm)和 0.25~5 mm 各级大团聚体中的含量与泥沙和原土中的含量非常相似;而在极细砂团和细砂团中所占比例均低于泥沙和原土中的比例。粗粉粒在粉团中的含量远远高于其在泥沙和原土中的含量;在极细砂团和细砂团中则远低于其在泥沙和原土中的含量;在 0.25~5 mm 各级大团聚体中所占比例均不变,且接近泥沙和原土中的粗粉粒含量。

将褐土侵蚀泥沙各级团聚体与其泥沙和原土的机械组成进行对比,如图 5-5 所示,也可以发现与黄土基本相似的结论。0.002~0.05 mm(粉团)的团聚体中以粗粉粒(0.02~0.05 mm)为主,含量约 65%;黏粒(<0.002 mm)所占比例最少,不到 20%;细粉粒(0.002~0.02 mm)其次,含量大约为 20%。0.05~0.1 mm(极细砂团)团聚体中以其本粒级的单粒(0.05~0.1 mm)为主,大约占总土样重的 70%。0.1~0.25 mm(细砂团)和 0.25~0.5 mm(中砂团)的机械组成较为特殊,其各级单粒分布比较均匀,含量均在 20% 左右;且 0.1~0.25 mm(细砂团)中细砂所占比例相对较高,不到 40%。0.5~1 mm(粗砂团)、1~2 mm(极粗砂团)和 2~5 mm(细砾团)3 个粒级的团聚体中均以粗粉粒所占比例最高,且随着团聚体粒径的变大,粗粉粒所占比例基本保持不变。>5 mm(中砾团)中以>2 mm 的砾石所占比例最高,大约为 35%。

将褐土侵蚀泥沙各级团聚体的机械组成分别与其泥沙和原土的对比发现,首先,泥沙和原土的机械组成比较相似。其次,褐土侵蚀泥沙各级团聚体的机械组成中,黏粒在细砂团(0.1~0.25 mm)中的含量最高,且略高于泥沙和原土中的黏粒含量;而在极细砂团

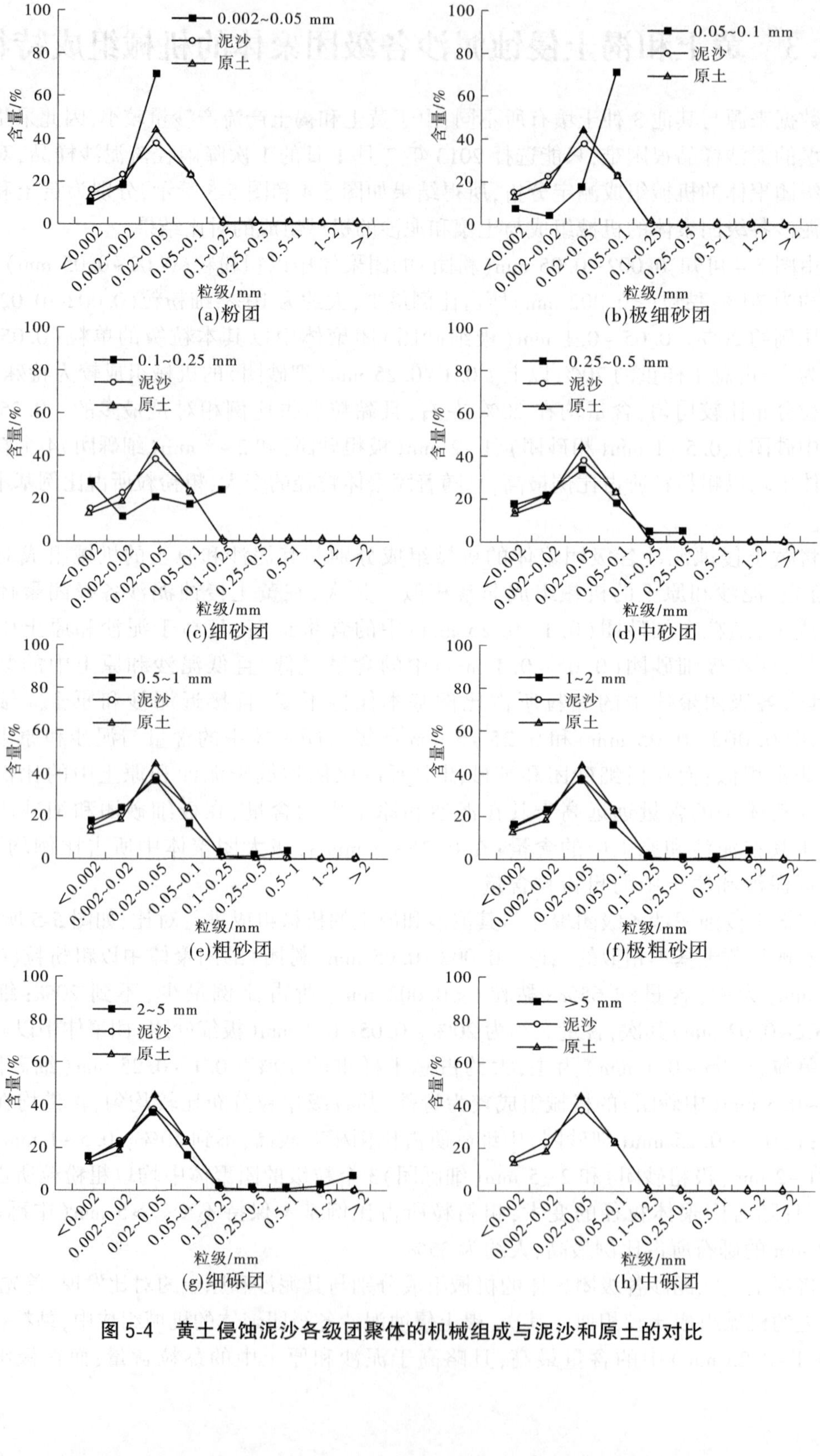

(a)粉团 (b)极细砂团 (c)细砂团 (d)中砂团 (e)粗砂团 (f)极粗砂团 (g)细砾团 (h)中砾团

图 5-4 黄土侵蚀泥沙各级团聚体的机械组成与泥沙和原土的对比

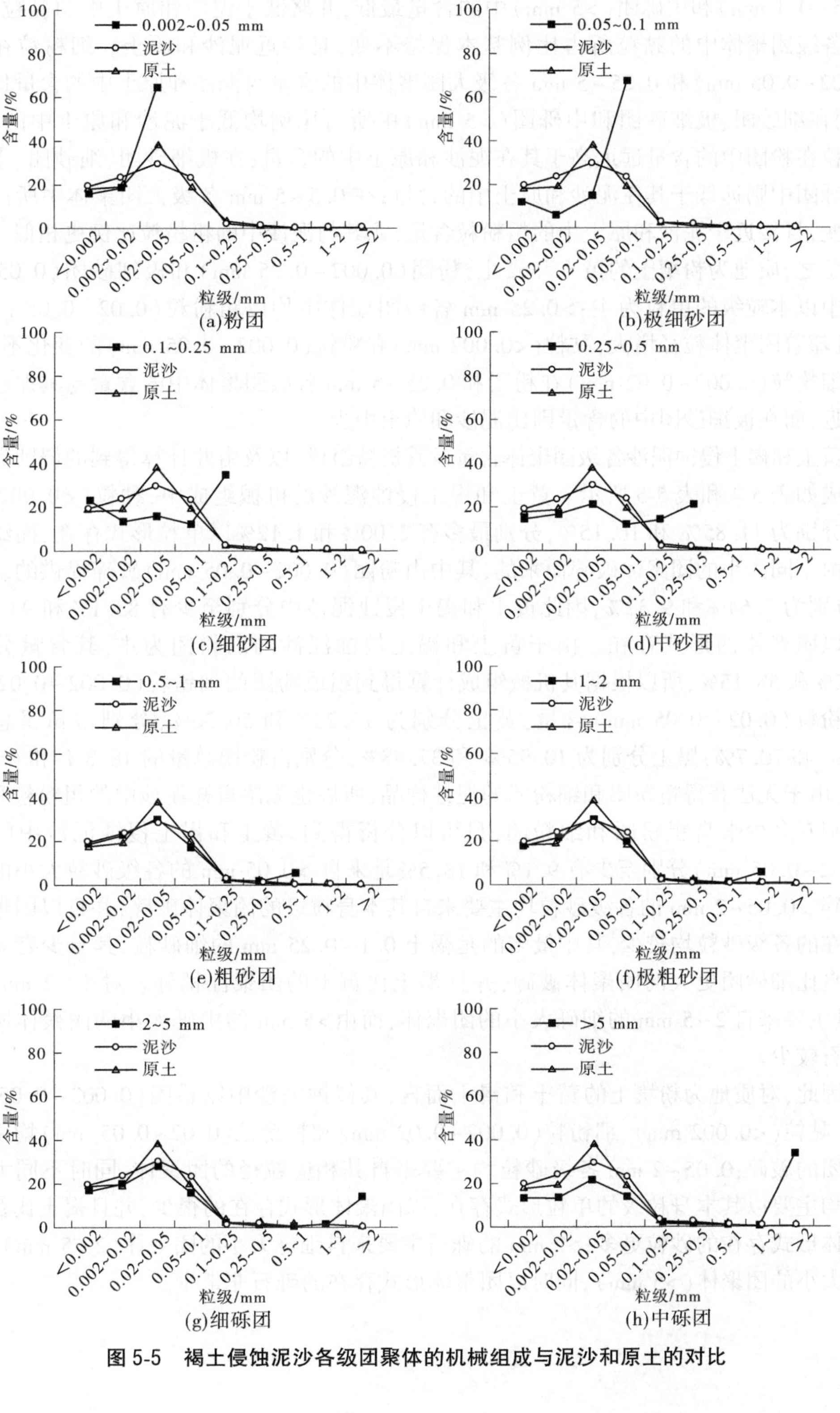

图 5-5　褐土侵蚀泥沙各级团聚体的机械组成与泥沙和原土的对比

(0.05~0.1 mm)和中砾团(>5 mm)中的含量最低,并略低于泥沙和原土中的黏粒含量;其余各级团聚体中的黏粒所占比例基本保持不变,且接近泥沙和原土。细粉粒在粉团(0.002~0.05 mm)和 0.25~5 mm 各级大团聚体中的含量与泥沙和原土中的含量比较相似;而在细砂团、极细砂团和中砾团(>5 mm)中所占比例均低于泥沙和原土中的比例。粗粉粒在粉团中的含量远远高于其在泥沙和原土中的含量;在极细砂团、细砂团、中砂团和中砾团中则远低于其在泥沙和原土中的含量;在 0.5~5 mm 各级大团聚体中所占比例均不变,且接近于泥沙和原土中的粗粉粒含量,尤其与泥沙中的粗粉粒比例更相似。

总之,质地为粉壤土的黄土和褐土,粉团(0.002~0.05 mm)和极细砂团(0.05~0.1 mm)中以本粒级的单粒为主;>0.25 mm 各级团聚体中均以粗粉粒(0.02~0.05 mm)为主,且随着团聚体粒径增大,黏粒(<0.002 mm)和粉粒(0.002~0.05 mm)的变化不大;黏粒和细粉粒(0.002~0.02 mm)在粉团和 0.25~5 mm 各级团聚体中的含量与其泥沙和原土相近,而在极细砂团中的含量则比泥沙和原土中少。

黄土和褐土侵蚀泥沙各级团聚体含量及其机械组成,以及由此计算得到的侵蚀泥沙机械组成如表 5-4 和表 5-5 所示。黄土和褐土侵蚀泥沙的机械组成中,黏粒(<0.002 mm)含量分别为 11.85% 和 16.15%,分别最多有 2.00%和 1.12%以单粒形式存在,而绝大部分是由不同大小的团聚体破碎而来的,其中由粉团(0.002~0.05 mm)破碎提供的黏粒最多,分别为 7.64%和 9.32%,因此黄土和褐土侵蚀泥沙中分别至少有 83.1%和 93.1%的黏粒以团聚体的形式存在。由于黄土和褐土侵蚀泥沙均以粉团为主,其含量分别为 71.22%和 58.15%,所以根据其机械组成计算得到组成粉团的细粉粒(0.002~0.02 mm)和粗粉粒(0.02~0.05 mm)含量:黄土分别为 13.22%和 50.36%,分别占粉团总量的 18.6% 和 70.7%;黑土分别为 10.95% 和 37.88%,分别占粉团总量的 18.8% 和 65.1%。然而,由于无法获得粗粉团和细粉团的泥沙样品,所以也无法得知泥沙中的粗粉粒和细粉粒分别有多少来自粗粉团和细粉团,只可以分析得到,黄土和褐土侵蚀泥沙中的粉粒(0.002~0.05 mm)分别至少有 9.1%和 18.5%是来自 >0.05 mm 的各级砂粒大小的团聚体破碎。0.05~2 mm 的各级砂粒均主要来自其本身粒级的团聚体破碎,并且以团聚体形式存在的各级砂粒均较少,其中最多的是褐土 0.1~0.25 mm 的细砂粒,其至少有 40.4%是来自比细砂团更大的团聚体破碎,并且褐土比黄土的团聚性稍好。对于>2 mm 的砾石,其主要来自 2~5 mm 的细砾大小的团聚体,而由>5 mm 的中砾大小的团聚体所提供的砾石较少。

因此,对质地为粉壤土的黄土和褐土而言,其侵蚀泥沙中以粉团(0.002~0.05 mm)为主,黏粒(<0.002 mm)、细粉粒(0.002~0.02 mm)和粗粉粒(0.02~0.05 mm)均主要来自粉团的破碎;0.05~2 mm 各级砂粒均主要来自其相应粒径的团聚体,同时不同大小的砂粒均主要以其本身粒级的单粒形式存在,以团聚体形式存在的很少,并且褐土比黄土以团聚体形式存在的砂粒更多;>2 mm 的砾石主要来自细砾大小的团聚体(2~5 mm),而非中砾大小的团聚体(>5 mm),同时以团聚体形式存在的砾石非常少。

表 5-4　黄土侵蚀泥沙各级团聚体的含量及其机械组成

团粒粒级/mm	团粒含量/%	各级单粒/mm 含量/%								
		<0.002	0.002~0.02	0.02~0.05	0.05~0.1	0.1~0.25	0.25~0.5	0.5~1	1~2	>2
全部泥沙	100	11.86	14.55	55.40	17.89	0.21	0.05	0.02	0.01	0.01
<0.002	2.00	2.00								
0.002~0.05	71.22	7.64	13.22	50.36						
0.05~0.1	24.43	1.75	0.88	4.31	17.49					
0.1~0.25	0.73	0.20	0.08	0.16	0.12	0.17				
0.25~0.5	0.81	0.14	0.18	0.27	0.15	0.03	0.04			
0.5~1	0.52	0.09	0.12	0.19	0.08	0.01	0.01	0.02		
1~2	0.20	0.03	0.05	0.08	0.03	0	0	0	0.01	
2~5	0.09	0.01	0.02	0.03	0.02	0	0	0	0	0.01

表 5-5　褐土侵蚀泥沙各级团聚体的含量及其机械组成

团粒粒级/mm	团粒含量/%	各级单粒/mm 含量/%								
		<0.002	0.002~0.02	0.02~0.05	0.05~0.1	0.1~0.25	0.25~0.5	0.5~1	1~2	>2
全部泥沙	100	16.15	14.87	45.06	20.95	1.71	0.87	0.24	0.07	0.08
<0.002	1.12	1.12								
0.002~0.05	58.15	9.32	10.95	37.88						
0.05~0.1	28.34	3.43	1.63	4.15	19.13					
0.1~0.25	2.90	0.67	0.41	0.47	0.35	1.02				
0.25~0.5	3.79	0.56	0.63	0.81	0.46	0.54	0.79			
0.5~1	4.04	0.76	0.91	1.25	0.70	0.11	0.07	0.23		
1~2	1.13	0.21	0.24	0.35	0.22	0.03	0.01	0.01	0.06	
2~5	0.50	0.08	0.10	0.14	0.09	0.01	0	0	0.01	0.07
>5	0.03	0	0	0.01	0	0	0	0	0	0.01

作为质地同为粉壤土的黄土和褐土，其侵蚀泥沙的机械组成非常相似，并且与它们原土的机械组成也很接近，尤其是黄土，可以说明该种质地的土壤单粒的分选性并不明显。各级团聚体的机械组成有时似乎差异很小，而且会随着原土机械组成的不同而不同，主要取决于土壤质地；另外，侵蚀泥沙团聚体的机械组成同时也会随着团聚体大小的不同而发生变化（Young，1980）。黄土和褐土侵蚀泥沙的各级团聚体中，0.25～5 mm 或 0.5～5 mm 各级团聚体的单粒分布基本保持一致，且与 0.002～0.05 mm（粉团）中的细粉粒和黏粒含量大致相等，并接近原土和泥沙（Meyer et al.，1992）。0.002～0.05 mm、0.05～0.1 mm、0.1～0.25 mm、0.25～5 mm 和 >5 mm 各粒级团聚体的细粉粒、黏粒含量均存在较显著差异；0.1～0.25 mm（细砂团）中的黏粒含量是各级团聚体中黏粒含量最高的，并高于泥沙和原土中的比例；而 0.05～0.1 mm（极细砂团）中的黏粒含量是各级团聚体中黏粒含量最低的，同时也低于泥沙和原土中的比例；0.002～0.05 mm（粉团）中的细粉粒和黏粒含量基本与泥沙和原土一致，略小于泥沙，更接近原土。

Alberts 等（1977）对美国中西部的两种质地分别为粉壤土和壤土的农地土壤研究得到与本书大致相似的结果，他们认为在 0.21～2 mm 的各级团聚体中，砂粒比原土中略多，粉粒比原土中略少，而黏粒基本保持与原土相等。之后，Alberts 等（1980）在印第安纳中北部阿拉法耶附近，利用野外人工模拟降雨的方法，通过对休耕一年并去除作物残茬，质地同样为粉壤土的耕作土壤研究发现，0.05～0.21 mm、0.21～0.5 mm、0.5～1 mm、1～2 mm 和>2 mm 各级团聚体中的砂粒均比原土中多，且 0.05～0.21 mm 和 >2 mm 团聚体中的砂粒富集最多，0.21～0.5 mm 和 0.5～1 mm 团聚体中的粉粒比原土中少，而黏粒与原土大约相等，该结论与本研究一致。

但是，由于目前已有的研究所采用的颗粒分析方法和分级体系，以及研究的详略程度不同，很难将这些结果作直接的对比分析。例如：Gabriels 等（1978）以 0.05 mm 为界将泥沙团聚体仅分为 <0.05 mm 和>0.05 mm 2 个粒级，利用室内人工模拟降雨的方法对粉壤土的研究发现，<0.05 mm 和>0.05 mm 的团聚体中的黏粒含量相等，且接近原土。尽管各个研究在很多方面存在差异，但是仅从相同质地土壤所获得的结果上分析，不同学者仍持有不同的观点。Meyer 等（1980）研究了美国密西西比州北部的 10 种典型土壤，其中有 8 种粉壤土、2 种粉黏土，通过野外人工模拟降雨发现，大多数土壤侵蚀泥沙的 <0.063 mm、0.063～0.25 mm 和 >0.25 mm 3 个团聚体粒级组，具有与整个泥沙相同含量的黏粒（<0.004 mm）和细粉粒（0.004～0.016 mm）。但是，作者同时指出不同的观点，有些土壤的侵蚀泥沙团聚体（>0.25 mm）越粗，所包含的黏粒（<0.004 mm）比越细的团聚体（<0.063 mm）多。这个结果与其他一些学者的研究相一致，即越大的团聚体富集的黏粒越多（Alberts et al.，1981；Young et al.，1986）。

综上对我国 5 种典型土壤的侵蚀泥沙中团聚体的机械组成分析发现，侵蚀过程对团聚体的机械组成影响不大（Alberts et al.，1983），主要取决于原土的机械组成，尤其是粉黏壤土和粉壤土。

5.4　小　结

本章利用 2013 年 7 月 1 日和 2014 年 8 月 22 日两次降雨采集到的径流泥沙样品,通过湿筛法筛分各级团聚体样品,然后,用吸管法分别测定各级团聚体的机械组成。由于两次降雨所得数据结果无显著差异,因此本书将其取均值后分析我国 5 种典型土壤侵蚀泥沙各级团聚体的机械组成特征。主要结果如下:

(1)不同质地的土壤,其侵蚀泥沙各级团聚体的机械组成不同;且除红壤和较细团聚体外,其余土壤较粗团聚体的机械组成与其泥沙和原土差异不大,表明土壤侵蚀过程对较粗粒级团聚体的机械组成影响较小。

(2)无论何种质地的土壤,其侵蚀泥沙中的大部分黏粒(<0.002 mm)均来自更大粒级团聚体的破碎,尤其来自粉团(0.002~0.05 mm)最多,表明泥沙大多数黏粒均以团聚体形式存在,尤其以粉团形式存在的最多;粉粒(0.002~0.05 mm)和砂粒(0.05~2 mm)则主要以其本粒级的单粒为主,以团聚体形式存在的相对较少;砾石(>2 mm)主要来自 2~5 mm 的团聚体破碎,且绝大多数以单粒形式存在。

(3)质地为粉黏壤土的紫色土和黑土,其侵蚀泥沙颗粒以团聚体形式存在的比例最高,其次是质地为黏壤土的红壤,以团聚体形式存在最少的是质地为粉壤土的黄土和褐土。

第 6 章　单粒的分选特征

6.1　泥沙和土壤的机械组成特征

进一步将泥沙单粒的大小分布与原土壤的单粒大小分布作对比，图 6-1 所示的是我国 5 种典型土壤的室外径流小区在降雨前的表土平均单粒大小分布（机械组成）。除红壤外，其余 4 种土壤的侵蚀泥沙机械组成与其原土壤的机械组成均比较相似，差异不明显，尤其是黄土和褐土的侵蚀泥沙机械组成与其土壤的机械组成更为接近[见图 4-4(b)、(d)、(f)，图 6-1]。

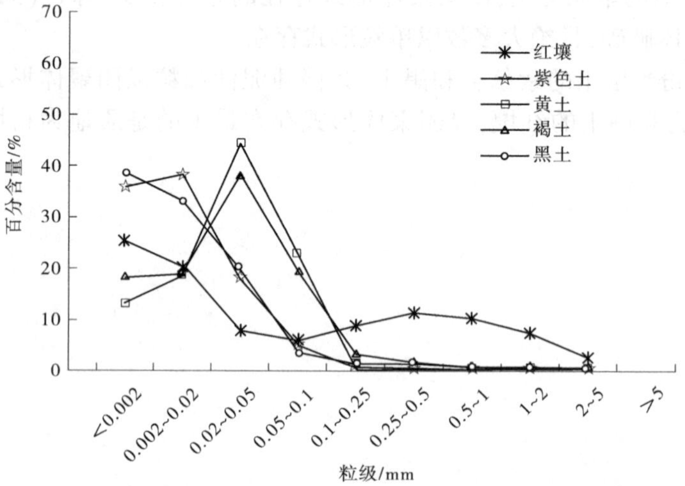

图 6-1　5 种土壤小区原状土的单粒大小分布（机械组成）

与泥沙的机械组成相比较，就红壤而言，>0.1 mm 的砂粒含量明显比泥沙中多，土壤中的含量为 46.5%，而在泥沙中的含量最多也只有 32.3%；极细砂粒（0.05～0.1 mm）和粗粉粒（0.02～0.05 mm）的含量在土壤和泥沙中的变化不大；细粉粒（0.002～0.02 mm）和黏粒（<0.002 mm）则在土壤中的含量明显比在泥沙中少，例如在土壤中的含量分别为 20.4% 和 25.2%，而在泥沙中的含量至少也有 27.7% 和 32.5%[见图 6-1，图 4-4(d)]。由此导致原土单粒的 MWD 高达 0.323 mm，平均是泥沙的 2 倍。与之不同，紫色土和黑土的原土单粒 MWD 分别为 0.042 mm 和 0.038 mm，则与它们的泥沙单粒粗细非常接近。唯一例外的是在 2013 年 7 月 1 日的降雨中，紫色土侵蚀泥沙单粒的 MWD 为 0.059 mm[见图 4-1(b)]，比原土粗，由此也可以进一步验证本书第 4 章中指出的紫色土以团聚体形式侵蚀为主的结论。同理，黄土和褐土的原土单粒 MWD 分别为 0.038 mm 和 0.056 mm，也与它们的泥沙单粒 MWD 非常相近。由此可以说明，除红壤外的其他 4 种土壤侵

蚀泥沙机械组成接近原土壤,侵蚀过程对泥沙的单粒没有明显的分选和富集作用(Meyer et al. ,1992)。同时,对质地为黏壤土的红壤而言,其粗颗粒在泥沙中的含量均明显少于土壤,尤其是 I_{30} 较小时更是如此,这是由于较粗的颗粒通常不容易被侵蚀,因此降雨量在一定范围时,侵蚀泥沙的机械组成通常以较细颗粒为主(Alberts et al. ,1983;Basic et al. ,2002;Jin et al. ,2009)。

6.2　单粒的富集率

单粒的富集率是指侵蚀泥沙的各级单粒含量与原土壤的各级单粒含量之比,用 ER 表示,它是土壤侵蚀过程对土壤矿物颗粒分选作用的衡量指标,用该指标可以评价某个粒级的单粒在泥沙中富集或损耗的程度。当 ER>1 时,表示富集,即该粒级的单粒被优先侵蚀或被选择性地输移;当 ER<1 时,表示损耗,即该粒级的单粒不容易被侵蚀而使其在泥沙中的含量少于土壤;当 ER=1 时,表示泥沙的单粒分布与土壤单粒分布相似,土壤侵蚀过程对单粒没有分选(Hao et al. ,2016)。

根据此概念,单粒的富集率计算公式可以表示为

$$\text{单粒 ER} = \frac{\text{泥沙的某个粒级单粒百分含量(\%)}}{\text{土壤的某个粒级单粒百分含量(\%)}} \tag{6-1}$$

为了揭示泥沙和土壤中单粒大小分布的区别以及主要的组成粒径,本书计算了 3 次典型降雨的 5 种土壤侵蚀泥沙各级单粒的富集率(ER),如图 6-2 所示。尽管黄土和紫色土在个别降雨中出现>0. 1 mm 的粗颗粒富集现象,但是,这主要是由于土壤本身的粗颗粒含量很少(见图 6-1),从而使试验误差对测定结果的影响较大,因此在这种情况下,利用 ER 来描述土壤侵蚀对机械组成的分选特征失去了意义。但是,总体上看,各个粒级单粒 ER 分布比较均匀,以粗颗粒的损耗为主,并且 <0. 1 mm 的较细颗粒的 ER 接近 1,表明很少有细颗粒富集或损耗。

具体来看,就红壤而言,由于 I_{30} 较小(I_{30} = 14. 0 mm/h)的 2012 年 7 月 10 日降雨没有数据,所以从 I_{30} 最大(I_{30} = 61. 1 mm/h)的 2013 年 7 月 1 日降雨侵蚀泥沙各级单粒 ER 发现,红壤的黏粒(<0. 002 mm)、细粉粒(0. 002~0. 02 mm)和极细砂粒(0. 05~0. 1 mm)均有轻微富集,其 ER 分别为 1. 3、1. 4 和 1. 3;其余各级单粒均在泥沙中损耗[见图 6-2(b)]。就紫色土和黑土而言,虽然其黏粒和细粉粒 ER 均>1,但是基本上保持在 1~1. 1,表明这种质地的土壤,其黏粒和细粉粒在泥沙中并没有明显的富集现象,基本与土壤中的含量保持一致。此结果与黄丽等(1999)对紫色砂泥岩发育的石灰性紫色土的研究结论基本一致,他们也认为,泥沙中的细粉粒含量较接近降雨前表土的含量,不一致的是,他们认为黏粒在泥沙中比在降雨前表土中多,富集率为 1. 74,比本书中的紫色土黏粒在各次降雨侵蚀泥沙中的 ER 均大。就黄土和褐土而言,其黏粒、细粉粒和粗粉粒(0. 02~0. 05 mm)等细颗粒同样没有在泥沙中出现明显的富集或损耗。

总而言之,红壤侵蚀泥沙 >0. 1 mm 砂粒等各级粗颗粒在泥沙中明显损耗,表明径流没有足够的能量搬运较粗的砂粒(Sutherland et al. ,1996),使其在侵蚀过程中优先沉积,而优先选择搬运细粉粒和黏粒等细颗粒,从而使其在泥沙中富集。除红壤外,无论在何种

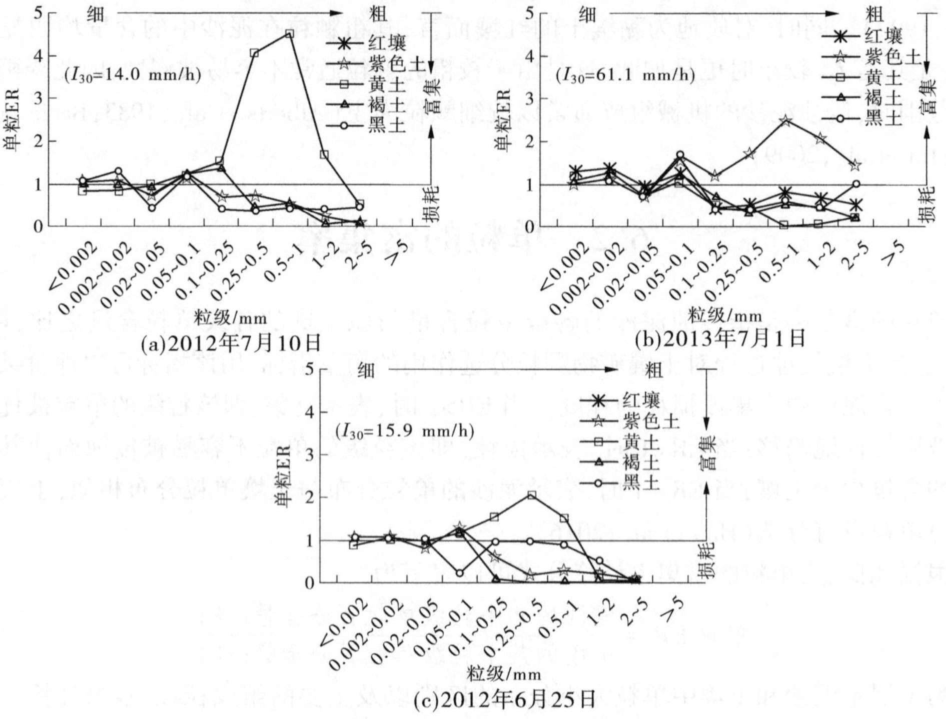

图 6-2　3 次典型降雨中 5 种土壤单粒的富集率

降雨条件下,其他 4 种土壤 <0. 1 mm 的各级单粒在泥沙中的 ER 均接近 1,没有明显的富集或损耗现象,并且各级单粒 ER 均呈均匀分布,无明显的左偏或右偏(Mitchell et al. , 1983;Meyer et al. ,1992;Martínez-Mena et al. ,2002)。Meyer 等(1980)通过对粉壤土的研究也认为,这种质地的土壤,其土壤本身的黏粒含量低,团聚性差,产生的泥沙机械组成主要取决于土壤本身的机械组成,侵蚀过程对该种质地土壤的单粒基本没有分选。因此,在土壤侵蚀调查预报等研究中,将机械组成作为评价土壤可蚀性的指标显然不是很合理,而且通过本书的分析发现,机械组成在侵蚀过程中的变化并不明显,即单粒大小分布对土壤侵蚀不敏感,因而也不能准确反映土壤侵蚀的机制。

6. 3　小　结

本章通过对比我国 5 种典型土壤的侵蚀泥沙与其原土壤的机械组成(单粒大小分布),分析了泥沙和土壤之间机械组成的区别,并引入富集率(ER)的概念,分别计算各级单粒的 ER,以此进一步分析研究土壤侵蚀过程对机械组成的分选性,从而最终获得我国 5 种典型土壤的机械组成在侵蚀过程中的分选特征。主要结果如下:

(1)除红壤外,其余 4 种土壤侵蚀泥沙机械组成均与原土机械组成比较相似。红壤侵蚀泥沙的机械组成以细颗粒为主,黏粒(<0. 002 mm)和细粉粒(0. 002 ~ 0. 02 mm)在泥沙中的含量比在土壤中多,产生轻微富集。

(2)各级单粒富集率(ER)呈均匀分布,土壤侵蚀对单粒的分选作用不明显,因此单粒不适合作为土壤可蚀性和土壤侵蚀的评价指标。

第 7 章　团聚体的分选特征

7.1　泥沙和土壤的团聚体粒径分布特征

为了解泥沙团聚体组成与土壤的区别,本章进一步将侵蚀泥沙与原土壤的团聚体粒径大小分布作对比分析,如图 7-1 所示。未分散颗粒,也就是本书近似认为的团聚体,其在 5 种土壤小区的原土壤中比在径流侵蚀泥沙中粗[见图 4-4(a)、(c)、(e),图 7-1]。主要是因为 >0.1 mm 的各级砂粒大小的团聚体在红壤原土中的含量比在泥沙中多很多,前者大约是后者的 2 倍。同时,这些粗颗粒在黄土和褐土的原土壤中也比在泥沙中略多。对紫色土和黑土而言,其原土壤中的主要颗粒是细砂团(0.1~0.25 mm),占总泥沙质量的比例分别为 27.3% 和 22.2%,同时,极细砂团(0.05~0.1 mm)和中砂团(0.25~0.5 mm)在土壤中的含量也高于其在泥沙中的含量,然而,紫色土和黑土侵蚀泥沙的主要组成颗粒则是粒径更小的细粉团(0.002~0.02 mm)和粗粉团(0.02~0.05 mm)。因此,使得 5 种土壤侵蚀泥沙均比其原土壤细。例如,紫色土和黑土的原土团聚体 MWD 分别为 0.521 和 0.407,均大于它们任何一次降雨侵蚀泥沙的 MWD[见图 4-1(a)]。

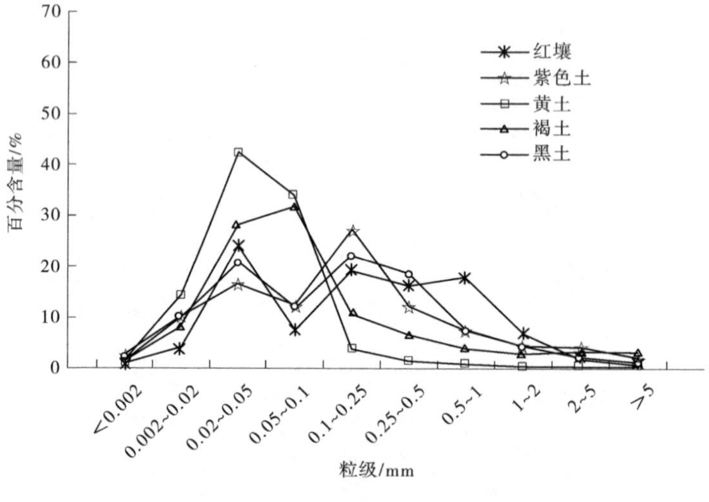

图 7-1　5 种土壤小区原状土的团粒(团聚体)大小分布

不同质地的土壤,其侵蚀泥沙与原土壤中的团聚体组成不同。具体来说,对红壤而言,粗粉团(0.02~0.05 mm)在土壤中仍然属于主要组成粒级,尽管只占总土壤重的 24.2%,但是,细砂团、中砂团和粗砂团(0.5~1 mm)在土壤中的比例也比较高,分别为 19.2%、16.3% 和 18.0%。而在其侵蚀泥沙中,以 I_{30} 为 61.1 mm/h 的 2013 年 7 月 1 日降雨为例,其粗粉团含量高达 60%,而细砂团、中砂团和粗砂团均不到 10%[见图 4-4(c)]。

因此,红壤的原土团聚体 MWD 为 0.454,大于其侵蚀泥沙的 MWD[见图 4-1(a)]。对紫色土和黑土而言,其原土壤的团聚体组成以粗粉团、细砂团和中砂团为主,含量平均在 20%,而其泥沙中则主要是以细粉团和粗粉团为主[见图 4-4(a)、(c)、(e)]。对黄土和褐土而言,虽然原土壤和侵蚀泥沙的团聚体组成均以粗粉团和极细砂团为主,但是,土壤中 >0.05 mm 粗颗粒含量稍高于泥沙。因此,无论哪种质地的土壤,在本书的降雨条件下,侵蚀泥沙的团聚体组成均比土壤的团聚体组成细。

7.2　团聚体的富集率

团聚体的富集率是指侵蚀泥沙的各级团粒含量与原土壤的各级团粒含量之比,用 ER 表示,它是土壤侵蚀过程对土壤团粒分选性的一个衡量指标,用该指标可以评价某个粒级的团粒在泥沙中富集或损耗的程度。当 ER>1 时,表示富集,即该粒级的团粒被优先侵蚀或被选择性地输移;当 ER<1 时,表示损耗,即该粒级的团粒不容易被侵蚀而使其在泥沙中的含量少于土壤;当 ER=1 时,则表示泥沙的团粒分布与土壤团粒分布相似,土壤侵蚀过程对团粒没有分选(Hao et al.,2016)。

根据富集率(ER)的概念,团聚体的富集率计算公式可以表示为

$$\text{团粒 ER} = \frac{\text{泥沙的某个粒级团粒百分含量(\%)}}{\text{土壤的某个粒级团粒百分含量(\%)}} \tag{7-1}$$

为了明确 5 种土壤不同大小的团聚体在其泥沙中的富集损耗规律,本书选择 3 次典型降雨,分析了其各级团聚体的 ER,如图 7-2 所示。总体上,对红壤来说,在 2013 年 7 月 1 日降雨侵蚀泥沙中,细粉团(0.002~0.02 mm)、粗粉团(0.02~0.05 mm)和极细砂团(0.05~0.1 mm)富集,且粗粉团富集最多,ER 为 2.5;而黏团(<0.002 mm)和 >0.1 mm 的各级砂粒大小的团聚体均损耗[见图 7-2(b)]。对紫色土和黑土来说,<0.05 mm 的各级团聚体均有富集,其中,ER 最大的是细粉团,紫色土细粉团的平均 ER 高达 4.4,黑土细粉团的平均 ER 也较高,为 3.5。与之相反,大部分 >0.05 mm 的较粗团聚体 ER<1,常常在泥沙中损耗。对黄土和褐土来说,细粉团和粗粉团在其泥沙中富集,尤其是以细粉团的富集为主,平均 ER 分别为 1.5 和 2.1;大部分降雨侵蚀泥沙中的黏团和>0.05 mm 团聚体的 ER<1,表明该种质地的土壤,其黏团和砂粒大小的团聚体往往在泥沙中损耗。

此外,随着 I_{30} 的不同,ER 也会发生变化。当 I_{30} 较大时,如 2013 年 7 月 1 日降雨的 I_{30}=61.1 mm/h,紫色土和黑土的细颗粒 ER 减小,而粗颗粒 ER 增大;黄土和褐土则相反,其细颗粒的 ER 增大,而粗颗粒 ER 减小[见图 7-2(a)、(b)]。比较特殊的是 2012 年 6 月 25 日降雨,其 I_{30} 与 2012 年 7 月 10 日降雨很相近,但是其紫色土的极粗砂团(1~2 mm)和黑土的粗砂团(0.5~1 mm)ER>1,且比其在 2012 年 7 月 10 日降雨中的大。同时,黄土和褐土的中砂团、粗砂团和极粗砂团在这两次降雨中的 ER 与紫色土和黑土表现出相反的规律,在 2012 年 6 月 25 日降雨侵蚀泥沙中损耗,而在 2012 年 7 月 10 日降雨侵蚀泥沙中则富集[见图 7-2(a)、(c)]。

对质地为黏壤土的红壤和质地为粉黏壤土的紫色土与黑土来说,砂团(0.05~2 mm)在泥沙中损耗,粉团(0.002~0.05 mm)和黏团(<0.002 mm)均在泥沙中富集。根据大多

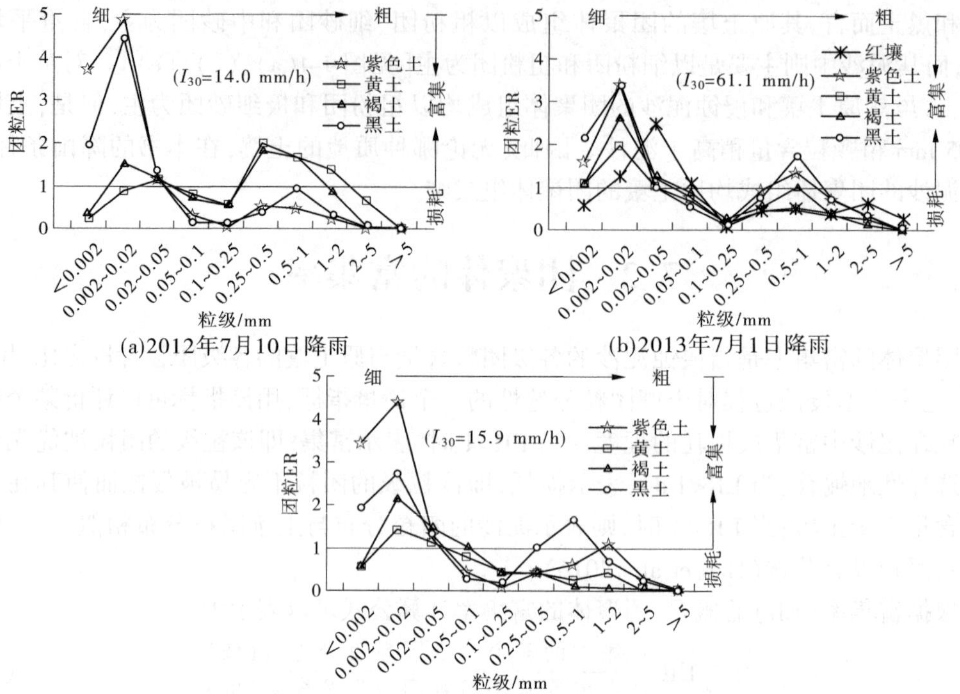

(a)2012年7月10日降雨　(b)2013年7月1日降雨

(c)2012年6月25日降雨

图7-2　3次典型降雨中5种土壤团粒(团聚体)的富集率

学者的研究,泥沙中较粗团聚体的减少,一方面是雨滴的打击作用使较大的团聚体破碎成较小的团聚体或单粒(Gabriels et al.,1978);另一方面,可能是由于水流没有足够的能量搬运那些雨滴分离的较粗颗粒(Parsons et al.,1991)。因此,在降雨动能和径流能量一定的情况下,泥沙的颗粒组成特征是细团聚体富集,粗团聚体损耗。该结论与Slattery等(1997)在细壤土上的研究所得结果一致。但是,仍然有不同的观点。例如:Young(1980)通过对质地为粉黏壤土的Marshall典型黑沃土的研究发现,该种土壤本身的粉团含量很高,而其侵蚀泥沙的粉团略微减少,砂团含量则有所增加。分析其原因,这可能与室内人工模拟降雨试验的小区坡长很短(0.45 m)有关,较大的颗粒没有来得及沉积就被水流挟带,从而使泥沙中的粗颗粒含量增加。对质地为粉壤土的黄土和褐土来说,其侵蚀泥沙中只有粉团富集,而砂团和黏团均在泥沙中损耗(Young,1980;Martínez-Mena et al.,2002)。因此,对于粉粒含量高的土壤而言,有的团聚性比较好,这些土壤的侵蚀泥沙往往以粉团和黏团的富集为主;而有的团聚性较差,这类土壤的侵蚀泥沙则通常只以粉团为主。同时,无论土壤团聚性的好与坏,该种粉粒含量高的土壤,其侵蚀泥沙中均是细粉团的富集最多,而砂团均损耗。

通过泥沙和土壤的团聚体MWD比较,本书的5种土壤,其侵蚀泥沙团聚体的MWD均比土壤的小,尤其是红壤、紫色土和黑土表现更为明显。同时,根据以上分析,团聚体ER的高度右偏分布表明,<0.02 mm的细小团聚体更容易被选择性地侵蚀(见图7-2)。因此,泥沙中的团聚体也以细颗粒为主,细小团聚体被径流选择性输移的可能性更大,例

如:红壤、紫色土和黑土的细粉团(0.002~0.02 mm)和黏团(<0.002 mm)更容易被侵蚀;黄土和褐土的细粉团更容易被侵蚀。相反,分散以后的各级单粒 ER 分布则更加均匀,除红壤外,其余 4 种土壤各级单粒分布基本与其原土保持一致,没有细颗粒的明显富集。因此,细小团聚体更容易被优先侵蚀,而不是细小单粒(见图 6-2)。换句话说,团聚体大小分布比单粒大小分布对土壤侵蚀过程更为敏感,可能是描述泥沙以及与泥沙有关的营养物质的输送和迁移行为的更为合适的指标(Young,1980;Martínez-Mena et al.,2002)。

7.3 小　结

本章通过对比侵蚀泥沙与原土壤的团聚体粒径大小分布,分析了泥沙和土壤之间团聚体粒径大小分布的区别,并引入富集率(ER)的概念,分别计算各级团聚体的富集率,进一步深入探讨了土壤侵蚀过程对不同大小团聚体的分选性,由此获得我国 5 种典型土壤的团聚体在侵蚀过程中的分选特征。所得主要结果如下:

(1)无论何种质地的土壤,其侵蚀泥沙的团聚体粒径分布均显著不同于原土壤,且均以粉团(0.002~0.05 mm)的富集为主。

(2)各级团聚体富集率(ER)表现出明显的右偏分布,说明土壤侵蚀对团聚体的分选作用明显,团聚体粒径大小分布更适合作为评价土壤可蚀性和泥沙及其相关营养物质输移行为的指标。

第 8 章 结论与展望

8.1 结 论

本书以我国 5 种典型土壤为研究对象,在天然降雨室外径流小区观测的条件下,采用统一的美国制颗粒粒径分级方案和标准的湿筛-吸管法,对 5 种典型土壤在 9 次天然降雨中的径流侵蚀泥沙与其小区原状土壤的机械组成和团聚体粒径分布进行测定,同时也对各级团聚体的机械组成进行了进一步的测定,研究了侵蚀泥沙的机械组成和团聚体粒径分布特征。首先,分析了降雨特性与产流产沙的关系,总结了 5 种土壤的径流深和侵蚀模数分别随降雨的变化规律;其次,将侵蚀泥沙团粒和单粒作对比,分析其粗细和组成特征,确定了质地不同的土壤颗粒在侵蚀过程中的主要侵蚀输移形式,以及更深入地探讨了侵蚀泥沙团聚体的机械组成特征;最后,分别对比分析泥沙和土壤的机械组成与团聚体大小分布,明确了泥沙和土壤在机械组成和团聚体大小分布上的区别,并通过引入富集率(ER)的概念,分别计算分析了单粒和团粒的 ER,探明了不同大小的单粒和团粒在侵蚀泥沙中的富集规律,以及它们对土壤侵蚀分选性的响应特征。获得的主要结论如下:

(1) I_{30} 与径流深和侵蚀模数均具有显著的正相关关系;随着 I_{30} 的增加,5 种土壤的径流深由大到小依次是:红壤 > 紫色土 > 黑土 > 褐土 > 黄土;侵蚀模数由大到小依次是:紫色土 > 红壤 > 黑土 > 黄土 > 褐土。此外,土壤质地、结构、有机质含量和孔隙度对侵蚀产流产沙的影响较大。

(2)不同质地的土壤,其颗粒(单粒和团粒)被侵蚀输移的形式不同。红壤、紫色土和黑土侵蚀泥沙主要以团聚体的形式被侵蚀,尤其黏粒含量高的紫色土和黑土表现更为明显;而黄土和褐土,其泥沙主要以单粒的形式存在,团聚体相对较少。此外,无论何种质地的土壤,其侵蚀泥沙中的绝大部分黏粒均以团聚体的形式被侵蚀输移。

(3)不同质地的土壤,其侵蚀泥沙各级团聚体的机械组成不同;且除红壤和较细团聚体外,其余质地土壤较粗团聚体的机械组成与其泥沙和原土的差异不大,说明土壤侵蚀过程对较粗粒径团聚体的机械组成影响较小。

(4)除红壤外,其余 4 种土壤的侵蚀泥沙机械组成与其原土的机械组成均没有显著差异;而红壤侵蚀泥沙的机械组成以细颗粒为主,黏粒(<0.002 mm)和细粉粒(0.002~0.02 mm)在泥沙中比在土壤中多,产生轻微富集。在团聚体大小分布方面,不同质地的土壤,其侵蚀泥沙团聚体大小分布均显著不同于原土壤,且富集规律一致,均以粉粒大小团聚体(0.002~0.05 mm)的富集为主。

(5)各级单粒富集率(ER)分布比较均匀,土壤侵蚀对单粒的分选作用不明显,而各级团聚体富集率(ER)表现出明显的右偏分布,土壤侵蚀对团聚体的分选作用明显。因此,在土壤颗粒分离、搬运、输移过程的研究中,团聚体(未分散颗粒)比单粒(分散颗粒)

对侵蚀作用更敏感,更适合作为评价土壤侵蚀的指标,这对准确理解土壤侵蚀和沉积过程导致的土壤颗粒的再分配与流失具有重要意义,为土壤侵蚀过程模型和泥沙以及与其有关的营养元素输移模型的建立,以及土壤侵蚀调查等研究的开展提供了重要指导。

8.2 展　望

本书的 5 种土壤采自我国 5 个不同地区,代表着我国 5 种典型的土壤类型,通过在径流小区上的天然降雨观测,采用国际上通用的湿筛-吸管法,分析了这 5 种典型土壤及其径流侵蚀泥沙的机械组成与团聚体粒径大小分布,同时也对侵蚀泥沙各级团聚体的机械组成进行了深入的测定分析。鉴于时间、个人能力和试验条件的限制,在某些方面还有待于完善和进一步探讨研究。主要包括以下几个方面:

(1)细粉粒级团粒和粗粉粒级团粒的机械组成。

本书在分析各级团聚体的机械组成时,将粉粒级团粒的机械组成进行了分析,没有进一步分别分析细粉粒级团粒和粗粉粒级团粒的机械组成,今后可以在这方面进一步细化深入研究。

(2)黄土和褐土侵蚀泥沙数据量的进一步丰富。

本书的 5 种典型土壤侵蚀泥沙数据来自 2012—2014 年 3 年间的室外径流小区观测,从中选取了 9 次降雨。但是,由于黄土和褐土不容易产流产沙的特性,该两种土壤的数据量相对其他 3 种土壤较少,所以今后可以继续进行多年观测,补充和丰富黄土与褐土侵蚀泥沙的数据量。

(3)人工模拟降雨条件下 5 种典型土壤的侵蚀泥沙颗粒特征。

本书基于天然降雨条件,对我国 5 种典型土壤的侵蚀泥沙颗粒特征进行研究,今后可以尝试利用室内或野外的人工模拟降雨,研究该 5 种土壤的侵蚀泥沙颗粒特征,从而在可控试验的条件下进一步完善土壤侵蚀的机制。

参考文献

Alberts E E, Moldenhauer W C, Foster G R, 1980. Soil aggregates and primary particles transported in rill and interrill flow [J]. Soil Science Society of America Journal, 44(3): 590-595.

Alberts E E, Moldenhauer W C, 1981. Nitrogen and phosphorus transported in eroded soil aggregates [J]. Soil Science Society of America Journal, 45(2): 391-396.

Alberts E E, Wendt R C, Piest R F, 1983. Physical and chemical properties of eroded soil aggregates [J]. Transactions of the American Society of Agricultural Engineers, 26(2):465-471.

Ampontuah E O, Robinson J S, Nortcliff S, 2006. Assessment of soil particle redistribution on two contrasting cultivated hillslopes [J]. Geoderma, 132(3): 324-343.

Anderson H W,1954. Suspended sediment discharge as related to streamflow, topography, soil and land-use [J]. Transactions of American Geophyisics Union, 35:268-281.

Angers D A, Samson N, Legere A, 1993. Early changes in water-stable aggregation induced by rotation and tillage in a soil under barley production [J]. Canadian Journal of Soil Science, 73: 51-59.

Arnold J G, Williams J R, Nicks A D, et al., 1990. SWRRB: A basin scale simulation model for soil and water resources management [M]. Texas: A&M University Press.

Bajracharya R M, Lal R, Hall G F, 1998. Temporal variation in properties of an uncropped, ploughed Miamian soil in relation to seasonal erodibility [J]. Hydrological Processes, 12(7): 1021-1030.

Baldock J A, Kay B D, 1987. Influence of cropping history and chemical treatments on the water-stable aggregation of a silt loam soil[J]. Canadian Journal of Soil Science,67:501-511.

Barnett A P, Rogers J S, 1966. Soil physical properties related to runoff and erosion from artificial rainfall [J]. Transactions of the American Society of Agricultural Engineers, 9:123-125, 128.

Barthès B, Azontonde A, Boli B Z, et al., 2000. Field-scale run-off and erosion in relation to topsoil aggregate stability in three tropical regions (Benin, Cameroon, Mexico) [J]. European Journal of Soil Science, 51: 485-495.

Barthès B, Roose E, 2002. Aggregate stability as an indicator of soil susceptibility to runoff and erosion; validation at several levels [J]. Catena, 47(2): 133-149.

Basic F, Kisic I, Nestroy O, et al., 2002. Particle size distribution (texture) of eroded soil material [J]. Journal of Agronomy and Crop Science, 188(5): 311-322.

Beach T, Gersmehl P, 1993. Soil erosion, T values, and sustainability: A review and exercise [J]. Journal of Geography, 92(1): 16-22.

Bearden B N, Petersen L, 2000. Influence of arbuscular mycorrhizal fungi on soil structure and aggregate stability of a vertisol [J]. Plant and Soil, 218(1): 173-183.

Ben-Hur M, Shainberg I, Bakker D, et al., 1985. Effect of soil texture and $CaCO_3$ content on water infiltration in crusted soil as related to water salinity [J]. Irrigation Science, 6: 281-294.

Bennett H H, 1926. Some comparisons of the properties of humid-tropical and humid-temperate American soils, with special reference to indicated relations between chemical composition and physical properties [J]. Soil Science, 21:349-375.

Beuselinck L, Steegen A, Govers G, et al., 2000. Characteristics of sediment deposits formed by intense rainfall events in small catchments in the Belgian Loam Belt [J]. Geomorphology, 32: 69-82.

Black C A, 1965. Methods of soil analysis, Part Ⅰ [M]. Madison: American Society of Agronomy.

Boix-Fayos C, Calvo-CasesA, Imeson A C, 2001. Influence of soil properties on the aggregation of some Mediterranean soils and the use of aggregate size and stability as land degradation indicators [J]. Catena, 44 (1): 47-67.

Bonilla C A, Johnson O I, 2012. Soil erodibility mapping and its correlation with soil properties in central Chile [J]. Geoderma, 189-190: 116-123.

Bouyoucos G J, 1935. The clay ratio as a criterion of susceptibility of soils to erosion [J]. Journal of the American Society of Agronomy, 27: 738-741.

Bradford J M, 1986. Interrill soil erosion processes: Effect of surface sealing on infiltration, runoff, and soil splash detachment [J]. Soil Science Society of America Journal, 50: 1547-1552.

Bradford J M, Ferris J E, Remley P A, 1987. Interrill soil erosion processes: Ⅰ. Effects of surface sealing on infiltration, runoff, and soil splash detachment [J]. Soil Science Society of America Journal, 51: 1566-1571.

Bryan R B, 1968. The development, use and efficiency of indices of soil erodibility [J]. Geoderma, 2: 5-26.

Bryan R B, 2000. Soil erodibility and processes of water erosion on hillslope [J]. Geomorphology, 32(3/4): 385-415.

Bryant J C, Bendixen T W, Slater C S, 1948. Measurement of the water-stability of soils [J]. Soil Science, 65(4): 341-345.

Cai D, De Roock M, Jin K, et al., 2002. Nutrient load in runoff from small plots: Laboratory and field rainfall simulation test on Chinese loess soils [C]// Proceedings of 12th ISCO Conference, Beijing, 160-163.

Candan F, Broquen P, 2009. Aggregate stability and related properties in NW Patagonian Andisols [J]. Geoderma, 154: 42-47.

Caron J, Kay B D, Stone J A, 1992. Improvement of structural stability of a clay loam with drying [J]. Soil Science Society of America Journal, 56: 1583-1590.

Chaney K, Swift R S, 1984. The influence of organic matter on aggregate stability in some British soils [J]. Journal of Soil Science, 35:223-230.

Chen H, Zhang S, 1991. Nitrogen and phosphorus movement from loess tillage under modeling the rainfallrunoff erosion processes [J]. Scientia Geographica Sinica, 11:142-148, 197.

Chenu C, Le Bissonnais Y, Arrouays D, 2000. Organic matter influence on clay wettability and soil aggregate stability [J]. Soil Science Society of America Journal, 64(4): 1479-1486.

Cogo N P, Moldenhauer W C,Foster G R, 1983. Effect of crop residue, tillage-induced roughness, and runoff velocity on size distribution of eroded soil aggregates [J]. Soil Science Society of America Journal, 47: 1005-1008.

Cousen S M, Farres P J, 1984. The role of moisture content in the stability of soil aggregates from a temperate silty soil to raindrop impact [J]. Catena, 11: 313-320.

Day P R, 1965. Particle fractionation and particle-size analysis. In: Black CA (ed) ,Methods of soil analysis. Part I [M]. Madison:American Society of Agronomy.

De Roo A P J, Wesseling C G, Ritsema C J, 1996. LISEM: A single-event physically based hydrological and soil erosion model for drainage basins. Ⅰ: theory, input and output [J]. Hydrological Processes, 10: 1107-1117.

Deizman M M, Mostaghimi S, Shanholtz V O, et al., 1987. Size distribution of eroded sediment from two tillage systems [J]. Transactions of the American Society of Agricultural Engineers, 30:1642-1647.

DePloey J, 1981. Crusting time-dependent rainwash mechanisms on a loamy soil. In: Morgan, R. P. C. (Ed.), Soil Conservation: Problems and Prospects [M]. John Wiley and Sons Ltd.

Dexter A R, 1988. Advances in characterization of soil structure [J]. Soil and Tillage Research, 11(3): 199-238.

Díaz-Zorita M, Grove J H, 2006. Aggregation, Fragmentation, and Structural Stability Measurement. In:Lal R (Ed.), Encyclopedia of Soil Science[M]. New York: Marcel Dekker Inc.

Dickson EL, Rasiah V, Groenevelt P H, 1991. Comparison of four presetting techniques in wet aggregate stability determination [J]. Canadian Journal of Soil Science, 71: 67-72.

Doty C W, Carter C E, 1965. Rates and particle-size distributions of soil erosion from unit source areas [J]. Transactions of the American Society of Agricultural Engineers, 8(3): 309-311.

Drazkiewicz M, 1994. Distribution of microorganisms in soil aggregates-effect of aggregate size [J]. Folia Microbiologica, 39(4): 276-282.

Droppo I G, Ongley E D, 1994. Flocculation of suspended sediment in rivers of Southeastern Canada [J]. Water Resources, 28: 1799-1809.

Duiker S W, 2006. Aggregation [M]//Lal R. Encyclopedia of Soil Science. 2nd ed. New York:Taylor&Francis.

Duiker S W, Flanagan D C, Lal R, 2001. Erodibility and infiltration characteristics of five major soils of southwest Spain [J]. Catena, 45: 103-121.

Duiker S W, Rhoton F E, Torrent J, et al., 2003. Iron (hydr) oxide crystallinity effects on soil aggregation [J]. Soil Science Society of America Journal, 67(2): 606-611.

Durnford D, King J P, 1993. Experimental study of processes and particle-size distributions of eroded soil [J]. Journal of Irrigation and Drainage Engineering, 119(2): 383-398.

Edwards A P, Bremner J M, 1967. Microaggregates in soils [J]. Journal of Soil Science, 18(1): 64-73.

Ellison W D, 1947. Soil erosion studies-part I [J]. Agricultural Engineering, 28(4): 145-146.

Emerson W W, 1967. A classification of soil aggregates based on their coherence in water [J]. Soil Research, 5(1): 47-57.

Farenhorst A, Bryan R B, 1995. Particle size distribution of sediment transported by shallow flow [J]. Catena, 25(1): 47-62.

Foster G R, Young R A, Neibling N H, 1985. Sediment composition for nonpoint source pollution analyses [J]. Transactions of the ASAE-American Society of Agricultural Engineers, 28(1):133-139.

Fox D, Le Bissonnais Y, 1998. Process-based analysis of aggregate stability effects on sealing, infiltration, and interrill erosion [J]. Soil Science Society of America Journal, 62(3): 717-724.

Fullen M A, Yi Z, Brandsma R T, 1996. Comparison of soil and sediment properties of a loamy sand soil [J]. Soil technology, 10(1): 35-45.

Gabriels D, Moldenhauer W C, 1978. Size distribution of eroded material from simulated rainfall: Effect over a range of texture [J]. Soil Science Society of America Journal, 42(6): 954-958.

Ghadiri H, Rose C W, 1991. Sorbed chemical transport in overland flow: Ⅱ. Enrichment ratio variation with erosion processes [J]. Journal of Environmental Quality, 20: 634-641.

Govers G, 1985. Selectivity and transport capacity of thin flows in relation to rill erosion [J]. Catena, 12: 35-49.

Govers G, Loch R J, 1993. Effects of initial water content and soil mechanical strength on the runoff erosion resistance of clay soils [J]. Soil Research, 31: 549-566.

Gregory F, 1991. Nitrogen and phosphorus in eroded sediment from corn and soybean tillage systems [J]. Journal of Environmental Quality, 20: 663-670.

Hairsine P B, Rose C W, 1991. Rainfall detachment and deposition: Sediment transport in the absence of flow-driven processes [J]. Soil Science Society of America Journal, 55: 320-324.

Hairsine P B, Rose C W, 1992a. Modeling water erosion due to overland flow using physical principles, 1, Sheet flow [J]. Water Resources Research, 28(1): 237-243.

Hairsine P B, Rose C W, 1992b. Modeling water erosion due to overland flow using physical principles, 2, Rill flow [J]. Water Resources Research, 28(1): 245-250.

Hao Y F, Yang Y, Liu B Y, et al., 2016. Size characteristics of sediments eroded from three soils in China under natural rainfall[J]. Journal of Soils and Sediments, 16(8):2153-2165.

Haynes R J, 1993. Effect of sample pretreatment on aggregate stability measured by wet sieving or turbidimetry on soils of different cropping history [J]. Journal of Soil Science, 44: 261-270.

Horowitz A J, Rinella F A, Lamothe P, et al. , 1990. Variations in suspended sediment and associated trace element concentrations in selected riverine cross sections [J]. Environmental Science and Technology, 24: 1313-1320.

Hudson N, 1995. Soil conservation [M]. 3rd ed. London: B. T. Batsford.

Issa O M, Bissonnais Y L, Planchon O, et al. , 2006. Soil detachment and transport on field-and laboratory-scale interrill areas: Erosion processes and the size-selectivity of eroded sediment [J]. Earth surface processes and landforms, 31(8): 929-939.

Jin K, Cornelis W M, Gabriels D, et al. , 2009. Residue cover and rainfall intensity effects on runoff soil organic carbon losses [J]. Catena, 78(1): 81-86.

Kay B D, Groenevelt P H, Angers D A, et al. , 1988. Quantifying the influence of cropping history on soil structure [J]. Canadian Journal of Soil Science, 68(2): 359-368.

Kemper W D, 1965. Aggregate stabilityand size distribution. In: Methods of Soil Analysis. Part 1. Physical and Mineralogical Properties, Including Statistics of Measurement and Sampling [M]. Madison: American Society of Agronomy.

Kemper W D, Chepil W S, 1965. Size distribution of aggregates. In: Methods of Soil Analysis. Part 1. Physical and Mineralogical Properties, Including Statistics of Measurement and Sampling [M]. Madison: American Society of Agronomy.

Kemper W D, Koch E J, 1966. Aggregate stability of soils from Western United States and Canada: Measurement procedure, correlations with soil constituents [R]. Agricultural Research Service, USDA.

Kemper W D, Rosenau R C, 1986. Aggregate stability and size distribution. In: Klute A (ed.), Methods of Soil Analysis, Part 1. Physical and Mineralogical Methods [M]. Madison: American Society of Agronomy.

Kinnell P I A, 1990. The mechanics of raindrop-induced flow transport [J]. Australian Journal of Soil Research, 28: 497-516.

Knapen A, Poesen J, Govers G, et al. , 2007. Resistance of soils to concentrated flow erosion: A review [J]. Earth-Science Reviews, 80(1/2): 75-109.

Knisel W G, 1980. CREAMS: A field-scale model for chemicals, runoff and erosion from agricultural management systems [R]. USDA-SEA Conservation Research Report No. 26.

Kristiansen S M, Schjonning P, Thomsen T K, et al. , 2006. Similarity of differently sized macro-aggregates in arable soils of different texture [J]. Geoderma, 137(1/2): 147-154.

Kubota T, 1975. Role of hydroxyaluminium ions in the interparticle bonding of layer-aluminosilicate clays [J]. Soil Science and Plant Nutrition, 21(1): 1-12.

Lado M, Ben-Hur M, Shainberg I, 2004. Soil wetting and texture effects on aggregate stability, seal formation, and erosion [J]. Soil Science Society of America Journal, 68(6): 1992-1999.

Lal R, 1990. Soil erosion in the tropics: Principles and management [M]. New York: McGraw Hill.

Le Bissonnais Y, Arrouays D, 1997. Aggregate stability and assessment of soil crustability and erodibility . 2. Application to humic loamy soils with various organic carbon contents [J]. European Journal of Soil Science, 48(1): 39-48.

Le Bissonnais Y, Singer M J, 1992. Crusting, runoff, and erosion response to soil water content and successive rainfalls [J]. Soil Science Society of America Journal, 56: 1898-1903.

Le Bissonnais Y, Singer M J, 1993. Seal formation, runoff, and interrill erosion from seventeen California soils [J]. Soil Science Society of America Journal, 57: 224-229.

Le Bissonnais Y, 1996. Aggregate stability and assessment of soil crustability and erodibility I: Theory and methodology [J]. European Journal of Soil Science, 47(4): 425-437.

Le Bissonnais Y, 2003. Aggregate breakdown mechanisms and erodibility [M]//Lal R. Encyclopedia of Soil Science. New York: Taylor&Francis.

Le Bissonnais Y, Renaux B, Delouche H, 1995. Interactions between soil properties and moisture content in crust formation, runoff and interrill erosion from tilled loess soils [J]. Catena, 25: 33-46.

Liu B Y, Zhang K L, Xie Y, 2002. An empirical soil loss equation[C]// Proceedings of 12th International Soil Conservation Organization Conference, Volume Ⅱ. Beijing: Tsinghua University Press: 21-25.

Loch R J, Donnollan T E, 1983. Field rainfall simulator studies on two clay soils of the Darling Downs, Queensland. Ⅱ. Aggregate break-down, sediment properties and soil erodibility [J]. Australia Journal of Soil Research, 21:47-58.

Loch R J, Foley J, 1994. Measurement of aggregate breakdown under rain: Comparison with tests of water stability and relationships with field measurements of infiltration [J]. Australian Journal of Soil Research, 32: 701-720.

Luk S H, 1979. Effect of soil properties on erosion by wash and splash [J]. Surface Processes and Landforms, 4(3): 241-255.

Luk S H, 1985. Effect of antecedent soil moisture content on rainwash erosion [J]. Catena, 12(2/3): 129-139.

Mamedov A I, Levy G J, Shainberg I, et al., 2001. Wetting rate, sodicity, and soil texture effects on infiltration rate and runoff [J]. Australian Journal of Soil Research, 39: 1293-1305.

Martínez-Mena M, Rogel J A, Albaladejo J, et al., 1999. Influence of vegetal cover on sediment particle size distribution in natural rainfall conditions in a semiarid environment [J]. Catena, 38(3): 175-190.

Martínez-Mena M, Castillo V, Albaladejo J, 2002. Relations between interrill erosion processes and sediment particle size distribution in a semiarid Mediterranean area of SE of Spain [J]. Geomorphology, 45(3/4): 261-275.

Meyer L D, DeCoursey D G, Romkens M J M, 1976. Soil erosion concepts and misconceptions [C]// Sedimentation Committee, Water Resources Council (Ed.), Proceedings of the Third Federal Interagency

Sedimentation Conference. Denver, CO: Water Resources Council:22-25.

Meyer L D, Harmon W C, Mcdowell L L, 1980. Sediment sizes eroded from crop row sideslopes [J]. Transactions of the ASAE-American Society of Agricultural Engineers, 23(4): 891-898.

Meyer L D, Willoughby W E, Whisler F D, et al., 1983. Predicting size distributions of sediment eroded from aggregated soils [J]. Transactions of the American Society of Agricultural Engineers, 26(2):486-490.

Meyer L D, Harmon W C, 1984. Susceptibility of agricultural soils to interrill erosion [J]. Soil Science Society of America Journal, 48(5): 1152-1157.

Meyer L D, Line D E, Harmon W C, 1992. Size characteristics of sediment from agricultural soils [J]. Journal of Soil and Water Conservation, 47(1): 107-111.

Middleton H E, 1930. Properties of soils which influence erosion [R]. USDA Technology. Bull.

Middleton H E, Slater C S, Byers H G, 1932. Physical and chemical characteristics of the soils from the erosion experimental stations [R]. Washington D. C.: United States Department of Agriculture.

Miller W P, Baharuddin M K, 1987. Particle size of interrill-eroded sediments from highly weathered soils [J]. Soil Science Society of America Journal, 51(6): 1610-1615.

Misra R K, Rose C W, 1996. Application and sensitivity analysis of process-based erosion model-GUEST [J]. European Journal Soil Science, 47(4):593-604.

Mitchell J K, Mostaghimi S, Pond M C, 1983. Primary particle and aggregate size distribution of eroded soil from sequenced rainfall events [J]. Transactions of the American Society of Agricultural Engineers, 26(6): 1773-1777.

Monke E J, Marelli H J, Meyer L D, et al., 1977. Runoff, erosion, and nutrient movement from interrill areas [J]. Transactions of the American Society of Agricultural Engineers, 20: 58-61.

Morgan R P C, Quinton J N, Smith R E, et al., 1998. The European soil erosion model (EUROSEM): A dynamic approach for predicting sediment transport from fields and small catchments [J]. Earth Surface Processes and Landforms, 23: 527-544.

Morgan R P C, 2005. Soil erosion and conservation [M]. Wiley-Blackwell Science Ltd.

Nearing M A, Bradford J M, 1985. Single water drop splash detachment and mechanical properties of soil [J]. Soil Science Society of America Journal, 49(3): 547-548.

Nearing M A, Foster G R, 1989. A process-based soil-erosion model for USDA-water erosion prediction project technology [J]. Transactions of the American Society of Agricultural Engineers, 32(5): 1587-1593.

Nearing M A, Nichols M H, Stone JJ, et al., 2007. Sediment yields from unit-source semiarid watersheds at Walnut Gulch [J]. Water Resources Research, 43(6):122-127.

Neibling W H, Moldenhauer W C, Holmes B M, 1983. Evaluation and comparison of two methods for characterization of sediment size distribution [J]. Transactions of the American Society of Agricultural Engineers,26(2): 472-480.

Nicholas A P, Walling D E, 1996. The significance of particle aggregation in the overbank deposition of suspended sediment on river floodplains [J]. Journal of Hydrology, 186(1): 275-293.

Nijhawan S D, Olmstead L B, 1948. The effect of sample pretreatment upon soil aggregation in wet-sieve analysis [J]. Soil Science Society of America Journal, 12: 50-53.

Nimmo J R, Perkins K, 2002. Aggregate Stability and Size Distribution. In: Dane J H, Topp G C, Methods of soil analysis Part 4: Physical methods [M]. Madison:American Society of Agronomy.

Nimmo J R, 2004. Aggregation: Physical aspects [R]. Menlo Park : US Geological Survey.

Oades J M, Waters A G, 1991. Aggregate hierarchy in soils [J]. Soil Research, 29(6): 815-828.

Olson T C, Wischmeier W H, 1963. Soil erodibility evaluations for soils on the runoff and erosion stations [J]. Soil Science Society of American Journal,27(5): 590-592.

Ongley E D, Bynoe M C, Percival J B, 1981. Physical and geochemical characteristics of suspended solids, Wilton Creek, Ontario [J]. Canadian Journal of Chemical Engineering, 18: 1365-1379.

Panabokke C R, Quirk J P, 1957. Effect of initial water content on stability of soil aggregates in water [J]. Soil Science, 83: 185-195.

Parsons A J, Abrahams A D, Luk S H, 1991. Size characteristics of sediment in interrill overland flow on a semiarid hillslope, southern Arizona [J]. Earth Surface Processes and Landforms, 16: 143-152.

Peel T C, 1937. The relation of certain physical characteristics to the erodibility of soils [J]. Soil Science Society of America Journal, 2:79-84.

Phillips J M, Walling D E, 1999. The particle size characteristics of fine-grained channel deposits in the River Exe Basin, Devon, UK [J]. Hydrological Processes, 13: 1-19.

Pieri L, Bittelli M, Hanuskova M, et al., 2009. Characteristics of eroded sediments from soil under wheat and maize in the North Italian Apennines [J]. Geoderma, 154(1/2): 20-29.

Pojasok T, Kay B D, 1990. Assessment of a combination of wet sieving and turbidimetry to characterize the structural stability of moist aggregates [J]. Canadian Journal of Soil Science, 70(1): 33-42.

Reichert J M, Norton L D, 1994. Aggregate stability and rain-impacted sheet erosion of air-dried and prewetted clayey surface soils under intense rain [J]. Journal of Soil Science, 158: 159-169.

Renard K G, Foster G A, Weesies D A,et al, 1997. Predicting soil erosion by water: A guide to conservation planning with the revised universal soil loss equation (RUSLE) [M]. Washington D. C. :USDA.

Rhoton F E,Smeck N E, Wilding L P, 1979. Preferential clay mineral erosion from watersheds in the Maumee River Basin [J]. Journal of Environmental Quality, 8: 547-550.

Rhoton F E, Meyer L D, Whisler F D, 1982. A laboratory method for predicting the size distribution of sediment eroded from surface soils [J]. Soil Science Society of America Journal, 46: 1259-1263.

Rhoton F E, Meyer L D, 1987. Sediment size distributions predicted for selected soils [J]. Journal of Soil and Water Conservation, 42(2): 127-129.

Romkens M J M, Roth C B, Nelson D W, 1977. Erodibility of selected clay subsoils in relation to physical and chemical properties [J]. Soil Science Society of America Journal, 41: 954-960.

Rquez M A, Garcia C O, Cambardella V J, et al, 2004. Aggregate-size stability distribution and soil stability [J]. Soil Science Society of America Journal, 68(3): 725-735.

Russell M B, Feng C L, 1947. Characterization of the stability of soil aggregates [J]. Soil Science, 63(4): 299-304.

Shi Z H, Fang N F, Wu F Z, et al., 2012. Soil erosion processes and sediment sorting associated with transport mechanisms on steep slopes [J]. Journal of Hydrology, 454/455: 123-130.

Shi Z H, Yue B J, Wang L, et al., 2013. Effects of mulch cover rate on interrill erosion processes and the size selectivity of eroded sediment on steep slopes [J]. Soil Science Society of America Journal, 77(1): 257-267.

Singh M J, Khera K L, 2008. Soil erodibility indices under different land uses in lower Shiwaliks [J]. Tropical Ecology, 49(2): 113-119.

Six J, Paustian K, Elliott E T, et al., 2000. Soil structure and organic matter: Ⅰ. Distribution of aggregate-size classes and aggregate-associated carbon [J]. Soil Science Society of America Journal, 64(2): 681-689.

Slater C L, Carleton E A, 1942. Variability of eroded material [J]. Journal of Agriculture Resource, 65(4): 209-219.

Slattery M C, Burt T P, 1993. Size characteristics of sediment eroded from agricultural soil: Dispersed versus non-dispersed, ultimate versus effective [M]//Hickin E J. River Geomorphology. John Wiley and Sons.

Slattery M C, Burt T P, 1997. Particle size characteristics of suspended sediment in hillslope runoff and stream flow [J]. Earth Surface Processes and Landforms, 22(8): 705-719.

Soil Science Society of America, 1997. Glossary of soil science terms [M]. Madison: Soil Science Society of American Press.

Soil Survey Division Staff, 1993. Soil survey manual [M]. Washington D. C.: United States Department of Agriculture.

Soil Survey Staff of United States Department of Agriculture and Natural Resources Conservation Service, 1999. Soil Taxonomy-A basic system of soil classification for making and interpreting soil surveys [M]. Washington D. C.: United States Government Printing Office.

Stoltenberg N L, White J L, 1953. Selective loss of plant nutrients by erosion [J]. Soil Science Society of America Journal, 17: 406-410.

Stone P M, Walling D E, 1996. The particle-size selectivity of sediment mobilization from Devon Hillslopes [M]//Anderson M G, Brooks S M. Advances in Hillslope Processes. John Wiley and Sons Ltd.

Sutherland R A, Wan Y, Ziegler A D, et al., 1996. Splash and wash dynamics: An experimental investigation using an Oxisol [J]. Geoderma, 69(1): 85-103.

Swanson N P, Dedrick A R, Weakly H E, 1965. Soil particles and aggregates transported in runoff from simulated rainfall [J]. Transactions of the American Society of Agricultural Engineers, 8: 437-440.

Swanson N P, Dedrick A R, 1967. Soil particles and aggregates transported in water runoff under various slope conditions using simulated rainfall [J]. Transactions of the American Society of Agricultural Engineers, 10 (2): 246-247.

Teixeira P C, Misra R K, 1997. Erosion and sediment characteristics of cultivated forest soils as affected by the mechanical stability of aggregates [J]. Catena, 30(2/3): 119-134.

Tisdall J M, Oades J M, 1982. Organic matter and water-stable aggregates in soils [J]. Journal of soil science, 33(2): 141-163.

Truman C C, Bradford J M, Ferris J E, 1990. Antecedent water content and rainfall energy influence on soil aggregate breakdown [J]. Soil Science Society of America Journal, 54: 1385-1392.

Van Bavel C H M, 1949. Mean weight-diameter of soil aggregates as a statistical index of aggregation [J]. Soil Science Society of America Journal, 14: 20-23.

Vermang J, Demeyer V, Cornelis W M, et al., 2009. Aggregate stability and erosion response to antecedent water content of a Loess soil [J]. Soil Science Society of America Journal, 73: 718-726.

Voorhees W B, Allmaras R R, Larson W E, 1966. Porosity of surface soil aggregates at various moisture contents [J]. Soil Science Society of America Journal, 30(2): 163-167.

Wagner S, Cattle S R, Scholten T, 2007. Soil-aggregate formation as influenced by clay content and organic-matter amendment [J]. Journal of Plant Nutrition and Soil Science, 170(1): 173-180.

Wakindiki I I C, Ben-Hur M, 2002. Soil mineralogy and texture effects on crust micromorphology, infiltration, and erosion [J]. Soil Science Society of America Journal, 66: 897-905.

Walling D E, Moorehead P W, 1987. Spatial and temporal variation of the particle-size characteristics of fluvial suspended sediment [J]. Geografiska Annaler, 69A: 47-59.

Walling D E, 1990. Linking the field to the river: Sediment delivery from agricultural land. In: Boardman J, Foster I D L, Dearing J A (Eds.), Soil Erosion on Agricultural Land [M]. John Wiley and Sons Ltd.

Walling D E, Owens P N, Waterfall B D, et al., 2000. The particle size characteristics of fluvial suspended sediment in the Humber and Tweed catchments, UK [J]. Science of the Total Environment, 251/252: 202-222.

Wan Y, El-Swaify S A, 1997. Flow-induced transport and enrichment of erosional sediment from a well-aggregated and uniformly-textured Oxisol [J]. Geoderma, 75(3): 251-265.

Wan Y, El-Swaify S A, 1998. Characterising interrill sediment size by partionning splash and wash processes [J]. Soil Science Society of America Journal, 62: 430-437.

Wang L, Shi Z H, Wang J, et al., 2014. Rainfall kinetic energy controlling erosion processes and sediment sorting on steep hillslopes: A case study of clay loam soil from the loess Plateau, China [J]. Journal of

Hydrology, 512: 168-176.

Warrington D N, Mamedov A I, Bhardwaj A K, et al., 2009. Primary particle size distribution of eroded material affected by degree of aggregate slaking and seal development [J]. European Journal of Soil Science, 60(1): 84-93.

Wischmeier W H, Smith D D, 1965. Predicting rainfall erosion losses from cropland east of the Rocky Mountains: Guide for selection of practices for soil and water conservation [M]. Washington D. C.: United States Department of Agriculture.

Wischmeier W H, Mannering J V, 1969. Relation of soil properties to its erodibility [J]. Soil Science Society of America Journal, 33: 131-137.

Wischmeier W H, Johnson C B, Cross B V, 1971. A soil erodibility nomograph for farmland and construction sites [J]. Journal of Soil Water Conservation, 26: 189-193.

Wischmeier W H, Smith D D, 1978. Predicting rainfall erosion losses-a guide to conservation planning [M]. Washington D. C.: United States Department of Agriculture.

Woodburn R, Kozachyn J, 1956. A study of relative erodibility of a group of Mississippi gully soils [J]. Transactions of American Geophysical Union, 37: 749-753.

Yang Y, Wendroth O, Walton R J, 2013. Field-scale bromide leaching as affected by land use and rainfall characteristics [J]. Soil Science Society of American Journal, 77: 1157-1167.

Yang Y, Ye Z, Liu B, et al., 2014. Nitrogen enrichment in runoff sediments as affected by soil texture in Beijing mountain area [J]. Environmental Monitoring and Assessment, 186: 971-978.

Yoder R E, 1936. A direct method of aggregate analysis of soils and a study of the physical nature of erosion losses [J]. American Society of Agronomy, 28(5): 337-351.

Young R A, Mutchler C K, 1977. Erodibility of some Minnesota soils [J]. Journal of Soil Water Conservation, 32(4): 180-182.

Young R A, Onstad C A, 1978. Characterization of rill and interrill eroded soil [J]. Transactions of the American Society of Agricultural Engineers, 21(6): 1126-1130.

Young R A, 1980. Characteristics of eroded sediment [J]. Transactions of the American Society of Agricultural Engineers, 23(5): 1139-1142.

Young R A, Olness A E, Mutchler C K, et al., 1986. Chemical and physical enrichments of sediment from cropland [J]. Transactions of the American Society of Agricultural Engineers, 29(1): 165-169.

Zachar D, 1982. Soil erosion [M]. Amsterdam: Elsevier Science.

蔡崇法,丁树文,张光远,1996. 花岗岩红壤表土特征及对坡面侵蚀影响的研究 [J]. 水土保持研究,3(4):111-115.

蔡强国,陆兆熊,1996. 黄土发育表土结皮过程和微结构分析的试验研究 [J]. 应用基础与工程科学学报,4(4):363-370.

蔡志发,黄炎和,2002. 闽南土壤侵蚀与退化研究Ⅰ:土壤侵蚀对土壤剖面构型和质地的影响[J]. 福建农业学报,17(2):65-68.

陈正发,史东梅,谢均强,等,2011. 紫色土旱坡地土壤团聚体稳定性特征对侵蚀过程的影响[J]. 中国农业科学,44(13):2721-2729.

范云涛,雷廷武,蔡强国,2008. 湿润速度对土壤表面强度和土壤团聚体结构的影响[J]. 农业工程学报,24(5):46-50.

郭进,文安邦,闫冬春,等,2012. 三峡库区紫色土坡地土壤颗粒流失特征[J]. 水土保持学报,26(3):18-21.

郭伟,史志华,陈利顶,等,2007. 红壤表土团聚体粒径对坡面侵蚀过程的影响[J]. 生态学报,27(6):2516-2522.

郭伟,史志华,陈利顶,等,2008. 不同湿润速率对三种红壤坡面侵蚀过程的影响[J]. 土壤学报,45(1):26-31.

郝燕芳,刘宝元,杨扬,等,2018. 中国5种典型土壤的侵蚀泥沙粒径分布特征[J]. 水土保持学报, 32(2):150-159.

郝燕芳,佟帆,2020. 侵蚀泥沙颗粒特征研究进展[J]. 水土保持学报,34(1):1-7.

胡宏祥,洪天求,马友华,等,2007. 土壤及泥沙颗粒组成与养分流失的研究[J]. 水土保持学报,21(1):26-29.

华孟,王坚,1993. 土壤物理学(附实验指导)[M]. 北京:北京农业大学出版社.

黄昌勇,2000. 土壤学[M]. 北京:中国农业出版社.

黄丽,张光远,丁树文,等,1999. 侵蚀紫色土土壤颗粒流失的研究[J]. 土壤侵蚀与水土保持学报,5(1):35-39.

黄满湘,章申,张国梁,等,2003. 北京地区农田氮素养分随地表径流流失机理[J]. 地理学报,58(1):147-154.

黄少燕,查轩,2002. 坡耕地侵蚀过程与土壤理化特性演变[J]. 山地学报(3):290-295.

黄义端,田积莹,雍绍萍,1989. 土壤内在性质对侵蚀影响的研究[J]. 水土保持学报(3):9-14.

蒋定生,李新华,1995. 论晋陕蒙接壤地区土壤的抗冲性与水土保持措施体系的配置[J]. 水土保持学报,9(1):1-7.

蒋定生,1997. 黄土高原水土流失与治理模式[M]. 北京:中国水利水电出版社.

李朝霞,王天巍,史志华,等,2005. 降雨过程中红壤表土结构变化与侵蚀产沙关系[J]. 水土保持学报,19(1):1-4,9.

李朝霞,2005. 降雨过程中红壤表土结构变化与侵蚀特点[D]. 武汉:华中农业大学.

李勇,朱显谟,田积莹,等,1990. 黄土高原土壤抗冲性机理初步研究[J]. 科学通报,5:390-393.

林昌虎,1993. 砂页岩山地土壤粒级侵蚀规律的研究[J]. 水土保持学报,7(1):1-10.

刘宝元,史培军,1998. WEPP 水蚀预报流域模型[J]. 水土保持通报,18(5):6-12.

刘宝元,张科利,焦菊英,1999. 土壤可蚀性及其在侵蚀预报中的应用 [J]. 自然资源学报,14(4):345-350.

刘宝元,谢云,张科利,2001. 土壤侵蚀预报模型 [M]. 北京:中国科学技术出版社.

刘宝元,毕小刚,符素华,2010. 北京土壤流失方程 [M]. 北京:科学出版社.

卢金伟,李占斌,2002. 土壤团聚体研究进展[J]. 水土保持研究,9(1):81-85.

卢金伟,2002. 土壤团聚体水稳定性及其与土壤可蚀性之间关系研究 [D]. 杨凌:西北农林科技大学.

彭怡,王玉宽,傅斌,等,2010. 紫色土流失土壤的颗粒特征及影响因素 [J]. 水土保持通报,30(2):142-144.

邵明安,王全九,黄明斌,2006. 土壤物理学 [M]. 北京:高等教育出版社.

史德明,杨艳生,姚宗虞,1983. 土壤侵蚀调查方法中的侵蚀试验研究和侵蚀量测定问题 [J]. 中国水土保持,(6):21-22.

史培军,刘宝元,张科利,等,1999. 土壤侵蚀过程与模型研究 [J]. 资源科学(5):11-20.

史志华,闫峰陵,李朝霞,等,2007. 红壤表土团聚体破碎方式对坡面产流过程的影响 [J]. 自然科学进展,17(2):217-224.

田积莹,黄义端,1964. 子午岭连家砭地区土壤物理性质与土壤抗侵蚀性能指标的初步研究[J]. 土壤学报,12(3):286-296.

王秀颖,高晓飞,刘和平,等,2011. 土壤水稳性大团聚体测定方法综述 [J]. 中国水土保持科学,9(3):106-113.

吴凤至,史志华,岳本江,等,2012. 坡面侵蚀过程中泥沙颗粒特性研究 [J]. 土壤学报,49(6):1235-1240.

夏青,何丙辉,2006. 土壤物理特性对水力侵蚀的影响 [J]. 水土保持应用技术(5):12-15.

熊毅,李庆逵,1987. 中国土壤 [M]. 北京:科学出版社.

闫百兴,汤洁,2005. 黑土侵蚀速率及其对土壤质量的影响 [J]. 地理研究,24(4):499-506.

闫峰陵,史志华,蔡崇法,等,2007. 红壤表土团聚体稳定性对坡面侵蚀的影响 [J]. 土壤学报,44(4):577-583.

闫峰陵,2008. 红壤表土团聚体稳定性特征及其对坡面侵蚀过程的影响 [D]. 武汉:华中农业大学.

闫峰陵,李朝霞,史志华,等,2009. 红壤团聚体特征与坡面侵蚀定量关系[J]. 农业工程学报,25(3):37-41.

杨金玲,张甘霖,李德成,等,2009. 激光法与湿筛-吸管法测定土壤颗粒组成的转换及质地确定 [J]. 土壤学报,46(5):772-780.

杨培岭,罗远培,石元春,1993. 用粒径的重量分布表征的土壤分形特征 [J]. 科学通报,38(20):1896-1899.

姚贤良,于德芬,1985. 关于集约农作制下的土壤结构问题:Ⅰ. 有机物料及其利用方式对土壤结构的影响 [J]. 土壤学报(3):241-250.

姚贤良,程云生,1986. 土壤物理学 [M]. 北京:农业出版社.

于丽芳,杨志军,周永章,等,2008. 扫描电镜和环境扫描电镜在地学领域的应用综述[J]. 中山大学研究生学刊,29(1):54-61.

余新晓,毕华兴,朱金兆,等,1997. 黄土地区森林植被水土保持作用研究[J]. 植物生态学报,21(5):433-440.

张光辉,2000. 国外坡面径流分离土壤过程水动力学研究进展[J]. 水土保持学报,14(3):112-115.

张科利,蔡永明,刘宝元,等,2001. 土壤可蚀性动态变化规律研究[J]. 地理学报,56(6):673-681.

张兴昌,刘国彬,刘文兆,2000. 不同土壤颗粒组成在水蚀过程中的流失规律[J]. 西北农业学报,9(3):55-58.

张兴昌,邵明安,2001. 侵蚀泥沙、有机质和全氮富集规律研究[J]. 应用生态学报,12(4):541-544.

中国科学院南京土壤研究所土壤物理研究室,1978. 土壤物理性质测定法[M]. 北京:科学出版社.

中国科学院南京土壤研究所土壤系统分类课题组,中国土壤系统分类课题研究协作组,2001. 中国土壤系统分类检索[M]. 合肥:中国科学技术大学出版社.

周佩华,武春龙,1993. 黄土高原土壤抗冲性的试验研究方法探讨[J]. 水土保持学报,7(1):29-34.

朱显谟,张相麟,雷文进,1954. 泾河流域土壤侵蚀现象及其演变[J]. 土壤学报,2(4):209-222.

朱显谟,1960. 黄土高原植被因素对水土流失的影响[J]. 土壤学报,8(2):121-134.